所有失去的
终将以另一种方式归来

墨墨 ◎ 著

煤炭工业出版社
·北京·

图书在版编目（CIP）数据

所有失去的，终将以另一种方式归来/墨墨著. --北京：煤炭工业出版社，2018（2019.8 重印）
ISBN 978-7-5020-7092-2

Ⅰ.①所… Ⅱ.①墨… Ⅲ.①成功心理—通俗读物 Ⅳ.①B848.4-49

中国版本图书馆 CIP 数据核字（2018）第 260039 号

所有失去的　终将以另一种方式归来

著　者	墨　墨
责任编辑	高红勤
封面设计	程芳庆
出版发行	煤炭工业出版社（北京市朝阳区芍药居35号　100029）
电　话	010-84657898（总编室）　010-84657880（读者服务部）
网　址	www.cciph.com.cn
印　刷	三河市宏图印务有限公司
经　销	全国新华书店
开　本	880mm×1230mm^1/$_{32}$　印张　8　字数　180千字
版　次	2018年12月第1版　2019年8月第2次印刷
社内编号	20181193　　　　　定价　36.80元

版权所有　违者必究

本书如有缺页、倒页、脱页等质量问题，本社负责调换，电话:010-84657880

前言
Preface

失去，是世界上最让人伤心的事情。

不甘、悲伤、难过等一个个躲在角落里，表达着对失去后的依依不舍。有人说，人生，失去是必然的，我想这或许是对的，但不要忽略了，失去的同时，必然也会有所得到。

失去确实是一件让人难过的事情，只要是经历过的人都深有体会，一个自己在乎的人或物，在确定失去已成为定局时，那种失落与无助的心情，想要用手抓紧却无能为力的感觉，让"事在人为"的信念在顷刻间轰然坍塌，之后的日子里，生命中开始有了黑暗的笼罩。

我的描述或许不够准确，但我确确实实有过这种经历。在之后的很长一段时间内，我都无法释怀，无法放下。这种任何东西都化不开的悲伤，也只能由时光来抚慰。好在时间流逝很快，好在还有后来。"上帝在为你关闭一扇门的同时，还会为你打开一扇窗。"这句话很励志，给人无限希望。于是我不断挣扎，不断折腾，结果还不算太坏，到底让我折腾出了点名堂。

对于过往，我想说的是，所有的失去，终将以另一种方式归来。我想到了质量守恒定律，也想到了生命的无限可能，更想到了文章开头的那句话：失去是必然的，而这也是生活的常态。从小到大，我们失去时间，换来成长；失去天真，换来成熟……人们总是在得到与失去之间纠结，如此循环往复，于是整个生命再也难以释怀。

纠结于失去并不是世俗,而是一种生活的状态。我们需要改变的,是对失去的固有看法。

生命本就是在不断失去与得到中循环不息,正如"塞翁失马",正如"祸兮福所倚,福兮祸所伏"。当你抱着积极的心态去做事,不畏惧前进路上的艰难险阻,或许在下一个转身的瞬间,机遇就会出现在你的眼前。

很多年前,大家都在研究得失,常期许自己是最精明的那个,妄图自己的生命中只有得到,没有失去,但最终还不是"雾里看花,水中捞月",到头来该失去的还是在不断失去,该到来的依旧还在到来。

我们常常面对这样的现实:当我们舍得失去时,也终将会得到一些东西,只是很多时候,这些得到的东西并不是我们所想要的,尽管这也是一种成功。

我和朋友开玩笑说:"工作就得多跳槽,不跳槽就学不到东西。"事实上,我认为这句话是有一点道理的,当你四处跳槽之后,你会学到很多不一样的东西。比如你失去了一份工作后,却得到了接受新鲜事物的机会。

看似糟糕的失去,往往蕴含无数可能,大多时候,它都会以另外一种方式归来,只是你能否察觉罢了。

写这本书花了我几个月的时间,里面没有过多的"鸡汤",大体上只写了一些故事,而故事的主人公都或多或少因为失去而挣扎过,有的人因为失去沉沦到一无所有,有的人反而轻松释怀,最终获得更多,看待问题的角度不同,人生的境遇也就不同。是沉沦,还是释怀,一切都由你自己选择。

最后,我想再重申一次:所有失去的,终将以另一种方式归来。

2018 年 11 月

写在前面
一段磨砺，一段故事

很荣幸，能够用文字描绘下未来，看看眼下的自己。

很长一段时间，我都在思考现在和未来，却始终找不到合适的文字来感叹，我带着大脑在熟悉的街道四处游逛，渴望能够捋顺这些。

2006年，毕业之后，离开家乡，带着迷茫来到这个大城市，不知从何开始，却已经开始。所有曾经以为的家，父母与学校，亲情与友情，再也给不了我足够的安全感，让我面对未知的世界，迷茫而又孤单。

世界，并非你看起来那样美好，我遭遇了各种曾经以为的不幸：身上的钱已经所剩不多，寄宿在朋友并不富裕的出租屋，整整三个月的时间都在纠结，再纠结，都在别人蔑视的眼光中苟且。这个在别人眼中美好的大城市，却不肯给我一份能够糊口的工作，尽管我并不是放不下身段的人。在最最困难的时候，我去一家饭店应聘服务员，对话是这样的：

"您好，老板，您这里还招服务员吗？"

"嗯……招，但我感觉你的条件不是很合适。"

"好吧，谢谢老板。"

就这样，我被这个建在路边的随处可见的小饭店嫌弃了，并带着满满的恶意。但这不算什么。我原想即使远离老家3000多公里，也能靠自己的双手生活下去，带着自己以为能够改变世界，不，至少能够改变我的生活的"满腹经纶",却没想到现在竟然快要吃不上饭了,这是我万万没想到的。

不过,总算是还有把子"力气",最终在一个印刷厂当上后勤人员。这段日子成为了我最快乐的时光,跟着司机师傅在这个大城市尽情地游荡,路上有说有笑,没有乱七八糟的想法,只有不停用自己的服务挣钱。这份快乐,在我以后的日子里再也没有过,我很怀念。

将近半年的日子,都在快乐中度过。我是一个很容易满足的人,更加快乐的是,终于有了自己的落脚之地。

有人问我,你的梦想呢?你的未来呢?

坦白说,没有梦想让我感到一丝快乐,无忧无虑也很好。但真的是这样的吗?在夜深人静的时候,会时常发现真正的自己,发现现在的一切快乐都是假象,我心中经常闪过的不安来自于自己与世界的不对等,难道我要一直这样下去吗?

我茫然了。我当时没有勇气告诉父母,这就是我的生活,我感到快乐!说真的,我并没有鄙视任何职业的意思,只是想到我可以换一种更好的生活方式。

回头想想,那段时间真的是有点思想"堕落"了,或者是改变太难吧,谁让世界一开局就给了我一个下马威呢?

临近过年的时候,父母问我回家不,我说回去,怎能不回家?遭受了太多打击,我需要一个倾诉的地方。快到除夕了,我拿着自己的工资请老板吃了一顿饭,感谢老板给我糊口的机会,并说来年不干了。老板仿佛早有准备:"嗯,好好干,会有更好的地方。"这位老板憋了半天,最后送了我一个美好的祝福,我十分感谢。

回到老家,父母听说了我的遭遇后,为没有能够给我创造一个安稳的生活而有点自责,问我明年还去不去。我说去,不去的话又能怎样,我相信明年运气会好点吧。父亲的目光给了我称赞。

这件事情过去了很多年,直到现在,我依然记忆犹新。

那年之后,我始终在寻找更好的自己,不断前行。在我遭遇任何困难的时候,我都不会放在心上,因为我有把子"力气",始终是可以养活自己的。

这段历程给了我面对未来的勇气,也找到了自己想要的感觉,因此,我十分庆幸人生中有这段经历。至于这其中的细节,我会在下面细谈。

在这里我只想说,未来,过来吧,虽然我不确定有没有准备好,但我始终有让自己更好的初心,以及坦然面对未来的勇气。

目录 CONTENTS

第一章 CHAPTER ONE | 做一个不迷茫的自己

不羡慕别人，不轻视自己　　　　　　　003

从来没有被辜负的努力　　　　　　　　007

你不必努力，同时你也不必成功　　　　012

有些事情，只是看起来很难　　　　　　017

你只是看起来很努力　　　　　　　　　021

该坚持时坚持，该放弃时放弃　　　　　026

我不叫"一条道走到黑"　　　　　　　031

看得足够远，足够看清未来　　　　　　035

找到你生命的"圆心"　　　　　　　　040

你是你自己的品牌设计师　　　　　　　044

情绪化，有着沉重的代价　　　　　　　050

一个人的时候，学会坦然　　　　　　　055

心态安然处，才有远方　　　　　　　　060

第二章 CHAPTER TWO | 心不动，孤独又何妨

没有人不曾经历孤独	067
喜欢喧闹，是自卑的本心	071
你对世界微笑，世界报以温情	075
我有远方，所以不慌	080
无论怎样，不轻易否定自己	084
不努力的人，将会被世界抛弃	089
不念过去，不忘初心	093
外面再嘈杂，也要内心清净	098
保持"相对正"的三观	103
接纳不完美的自己	106
时间给我们很多，尤其是经历	111
也许，最悲不过背离内心	116

第三章 CHAPTER THREE | 人生，从来不轻松

淡定，该来的一定会来	123
其实，没什么可怕的	127
不失落，失去是生活的常态	132
努力就好，不把得到当成必然	136
如果你不负重，就得有人替你	140
你不是天才，请不要尝试单打独斗	143
如果不勇敢，还能怎样？	147
做个高效能的人	151
没有上进心，是会少点什么	155

让梦想野蛮生长的力量	159
没有企图心，灵魂已消亡	163
这真的是你想要的吗？	167
不随波逐流，亦不刚愎自用	172
你美好，所以世界美好	177
最大的聪明是靠谱	182

第四章 CHAPTER FOUR ｜ 我看好不断尝试的未来

很遗憾，人生没有"进度条"	189
勤奋的人，运气都不会太差	192
人生在选择与坚持中切换	196
没有谁能够左右环境	201
人生没有封顶，你要不断上进	205
细节，是个人生"小怪物"	209
所有的错误，都是逻辑的错误	213
不过高估计自己	217
没有偶得，只有代价	220
没痛哭过的人，不足以谈人生	225
我选择有条件地相信	229
这世道，玩的就是心态	232
挑战与突破，拦都拦不住	236

后记：我和我们，一定会更好

第一章
做一个不迷茫的自己

我们带着迷茫游走市井小巷，带着迷茫走过人生四季，不禁感叹，想要的从来不曾到来，难免迷失方向。

也许

你觉得孤独就对了，让你认清自己。

你觉得黑暗就对了，等待换来黎明。

你觉得无助就对了，人生始终是一个人的路……

你觉得迷茫就对了，因为迷茫的只是你自己，而非这个世界。

不羡慕别人，不轻视自己

隔壁又在教育孩子。

"你看看人家，你再看看你……"

这让我很无语，我做过家教读物，知道这样的话最好少对孩子说。但回头一想，"比较"，这个词难道不是也充斥着我们的世界吗？

比你漂亮、比你有才、比你更加完美……这些话虽然不会挂在嘴上，但却无时无刻不洋溢在脑海中，如果说出来，却好像又显得那么浅薄，那么幼稚。

但我们的世界充满着别人，比较总是难免。那首《我们不一样》的流行，安慰了多少人？又唤醒了多少人？

毕竟，我们每个人都有不同的境遇，过着不同的生活，也总难免主动或被动地与他人进行比较。上学的时候，跟人比学习；工作了，跟人比薪资，比职位，比另一半，比家庭幸福程度，比子女是否优秀。人这一辈子，仿佛都难免跟人比这比那，无论这种比较是主动的还是被动的。

小A是一个出身极为普通的小镇姑娘，资质也不够出挑，但她凭着一股子执拗劲，考到了省会城市上重点大学。以前还不觉得出身好坏的问题，因为小镇的生活就那样，大家的生活水平差距拉得并不算很大，直到上大学后，在新的环境中，她才真正感受到了那种家庭背景所带来的巨大落差感。

我们在比较中沉沦，也在比较中有点小安慰。

同宿舍的室友大都来自城市，用着最新潮的电子产品，听着最流行的音乐，能随口说得出最当红的明星，也有着最时髦的打扮。而在强烈的对比之下，她不过是一个跟不上潮流的乡下孩子，这让她瞬间自惭形秽。

不由自主地，她会羡慕室友优越的家庭条件，羡慕她们光鲜的外表，也羡慕她们开阔的眼界，更羡慕她们口中蹦出的她以前从没听过、没见过的新鲜事物。

可是，羡慕归羡慕，她深深地明白，原生性的、过去的很多东西都难以改变，她能做的，唯有从现在开始努力，而这还并不算太晚。

四年大学时光，她不曾荒废，自习室、图书馆，每天都有她的身影，早出晚归，从不倦怠，每学期都把奖学金揣到怀里。同时，她也没有做一个两耳不闻窗外事的书呆子，而是在保证学习时间的前提下，一边做各种兼职，一边积极参与社团活动，不断锻炼自己。虽然很忙碌，但却让她感到充实而满足。

而她羡慕的室友们却成天过着逃课、追剧、游戏、恋爱的日子，荒废了不少时光。无论她再怎么努力，再怎么让自己有成就感，始终还是忍不住对室友的羡慕，尤其到毕业的时候，那些平日里不怎么努力的室友，一出校门就可以靠着家里的关系谋得一个不错的工作，并且同步的，家里给买了车买了房，甚至和感情稳定的男友很快结了婚，有了孩子。

进入社会的时候，小A更是深深意识到了这种差距。原以为通过大学的努力，自己也算对得起自己，但如今才真正发觉其实自己仍旧是一穷二白。没有车子，没有房子，没有男友……一切都还要靠自己的双手去拼。

当大学同学在朋友圈里一遍又一遍不厌其烦地晒着她们宽敞明亮的大房子，晒着她们新买的豪车，晒着刚出生的可爱baby时，小A心里显出一丝不易察觉的落寞，她羡慕的室友们，压根儿就与她不在同一条起跑线上。

可空自羡慕又能怎样？每个人的出身不一样，这有着先天性的不公平，她不能选择去怨天尤人。在命运面前，小A向来是坚韧、倔强而不服输的。就算起跑线不一样，但人生最终是能到达什么样的终点，而不是现在如何如何。

普通的小A、平凡的小A、倔强的小A，以她初生牛犊不怕虎的勇气在职场中打拼，进入民企做行政工作，一路跌跌撞撞，从最初的波折不断，到慢慢适应职场的生存法则，虽然不容易，但她熬着、经受着，逐渐变得更成熟、更稳重。

在勤奋工作的同时，小A也没有忘了继续读书深造，还利用业余时间学习绘画，学习如何打扮自己。工作3年，她从一名小职员升成部门主管；又过2年，她成为部门经理。

职场上，她不但越来越得心应手，气质也越发出众。终于，在她快满30岁的时候，遇到了欣赏自己的那个人，如今两人即将携手走进婚姻殿堂。

刚开始工作那会儿，小A也曾在电话里不无感叹地对大学同学表示羡慕，羡慕她们一出校门就已经有了房子、车子、家庭，可大学同学却认识得很清楚，有一位同学说"房子车子都是靠家里给买的，并不是自己努力得来的，其实没什么值得羡慕的。这一切，你以后都会有"。同学反而表达出对小A的羡慕，羡慕她优异的学习成绩，羡慕她时刻不停地努力的劲头。

是啊，同学说得对，房子、车子、美满的家庭，虽然暂时还没有，但通过她的努力，终将不是问题，该有的，未来都会有的。她不缺聪明才智，不缺努力上进，羡慕同学的那些东西，最多会迟到，却不会缺席。

这些年来，她只顾着去羡慕别人所拥有的东西，却看不到别人也正在羡慕着自己。同学一毕业就找了份轻松稳定的体制内工作，然后忙于结婚生子，工作几年之后也能比较明显地看出来彼此在职场上的成就有多少差距。正是因为一直以来的努力，成就了现在出色的小A。

而小A所取得的成绩，正在于她虽然对生活条件比她优越的同学有着满满的羡慕，但她却从没有轻视过自己，没有自暴自弃，而是认识到自己所欠缺的，不断去为自己的未来而努力。无论是学生时代还是工作之后，她都坚信可以通过努力改变命运，可以打磨出一个优秀的自己。小A用实际行动证明了自己不比其他任何人差。

所以，现在的小A明白了，其实不用去羡慕别人如何如何，与其羡慕别人所拥有的，不如自己努力去获取。很多时候，你在羡慕别人的同时，却不知道别人可能正在羡慕你。

那些生活中让你受到干扰、感到不安的所谓羡慕，只是别人的生活和别人的模式。好运的人生，从来都不是羡慕得来的，而是牢牢掌握在自己手中。放下羡慕的最好方式，便是从容不迫，全力以赴，找到自己的生活，实现自己的目标，过好自己的日子。

不羡慕别人，不轻视自己。

你永远都是你，唯一的你，独特的你，无可替代的你。

你的生活，由你创造。

从来没有被辜负的努力

一个朋友要出国了。

想起他的努力，所有的一切都是值得的。他是学习造船技术的，上了很多年的学，毕业之后，去过很多家单位，都感到不满意，在后来的一年时间内，他放弃了找工作，而是从专业下手，再度钻研。

机会来了，他收到国际上一家知名船舶制造商的邀请，这一年的刻苦总算没有白费。世界上从来没有被辜负的努力，这点我非常赞同。

是的，每个优秀的人，总有一段沉默的时光。

没错，那是人生低谷之时，也是人生的一次次总结之时，厚积薄发这个词并不单单只是一个成语。

"发上等愿，结中等缘，享下等福；择高处立，寻平处住，向宽处行"，这是清代儒将左宗棠题于江苏无锡梅园的著名对联，香港首富李嘉诚的办公室里也挂着这副对联。短短的24个字，浓缩了"极高明而道中庸"的人生哲学，是一种为人处世的高洁品格与平和淡然。

人之立于天地间，做人做事，当进退有度，低处不仰望，高处不俯视。用句更通俗的话来形容，就是"在人之下，把自己当人；在人之上，把别人当人"，这与左宗棠的对联内涵并无二致。

这让我想起了大学的两位好朋友Z和Y。两位朋友都是农村出身的小伙子，父母都是普普通通的农民，无论对他们的学业还是事业，家庭背景都无法给予任何的助力。当然，这怪不得他们，也怪不得他们的父母。

2009年，大学本科毕业后，Z去了著名的H航公司，试用期月薪2200元，到了如今火热的海南自贸区核心城市——海口工作，一个对于曾经的他而言人生地不熟的陌生城市。工作最初的两年，是非常辛苦而惨淡的，收入低，经常挨上司骂，职场中政治斗争激烈，各种不顺，被虐了个底朝天。他就像个"打不死的小强"，艰难地熬着、熬着。他在上班路上钱包被偷、身无分文的时候，在一个银行门口遇到的大堂经理——一个年轻漂亮的小姑娘帮助他回了家，那个姑娘后来成了他的老婆。

最艰难的时候，他始终没有去仰人鼻息，而是默默地坚守着自己的内心，在低谷中，不断将自己打磨得更适应生存环境。他的薪水，也从2200元，往2900元、3500元上涨。

工作4年后，他被调到北京分公司，月薪涨到5000元。很快，他又被提升为主管、经理，月薪也9000元、12000元地逐级向上蹿。第五年，他离开了培养他但也让他感到厌倦的H航，跳槽到了一家中型民企做人力资源总监，年薪30万元。那一年，他刚满28岁。

又过了一年，站在30岁门口的他再度跳槽到华为，被派到了北非，年薪10万美金。通过自己的努力，他获得了想要的成功。处于低处时，他没有仰望什么，如今站在高处的他，享受着工作带给他的快乐和家庭带给他的幸福，满足而感恩，始终怀着一颗平和的心，不俯视任何一个目前看起来过得不如他的人。

Y的情况与Z有些类似，甚至起点更低。一个物理系毕业的高才生，一个擅长古典诗词的大才子，大学毕业后的第一份工作，竟是进入家电行业做起了销售，底薪1000多元，虽然企业是世界500强。

本来是文人心性的他，做家电销售于他而言是格格不入的。最开始的一两年，他到各地上山下乡地跑，什么苦都吃过，什么罪都受过，但业绩始终起不来，经常只能拿基本工资的他，甚至养不活自己，更别提让女友过上好日子了。在家电行业做业务的人员普遍学历、素质不高，他身处的环境也很复杂，"总部的那些领导，都是些狠角色，管你什么大学生什么才子，如果你不能凭业绩站到他们面前，你就永远没机会让他们抬头看你一眼，没机会与他们一起喝茶，更别提谈诗论词"！

曾经多少次心灰意冷，多少次想要放弃，但在低处的他，从来没有仰望过任何人，能帮他的，只有自己。他想到自己曾经吃过的苦、受过的罪，那一步一个脚印的艰辛，最终，咬着牙坚持了下来。他说，最开始，他是每天晚上8点下班，然后变成9点，再然后10点、11点。对他来说，工作就是生活的全部，没有所谓的周末和节假日。好在女友也一直在背后鼓励和支持着他，凭借着坚韧不拔的信念，他的销售业绩也渐渐好了起来，开始受到分公司、总公司的认可。

当初和他同一时间进公司的人，在或短或长的时间内，基本都熬不住，离开了。唯有他，用3年的时间，突破自己，熬出了头。不到30岁的他，年纪轻轻，也熬白了不少的头发。"销售之星""年度冠军"，一个又一个成绩接踵而来，总部的领导注意起他这样一个不俗的小伙子。

工作5年后的他，被调到上大学的准一线城市做分公司总经理，管理几百号人，也成为一名老总。他想，自己终于可以和那些曾经俯视他的领导一起喝茶吃饭，一起谈笑风生，就连谈他浸润在灵魂深处从不曾忘却的诗词，也不会再有人讥讽他不切实际附庸风雅。

他用能力和实力，让自己从低处上升到了高处，从"小Y，你还会写诗？"的轻蔑到"Y总，没想到你这么有才，居然还会写诗"的赞叹，身份的转变，赢来的才是真正的受尊重。

如今的Y，事业风生水起，有妻有子家庭和睦，生活以他想要的模样呈现给他。但在他的心底，始终不曾忘却，在低谷时的黑暗岁月，哪怕看不到路在何方，却仍旧不会去仰望他人。他有着自己的坚守。

直到如今，他拥有了想要拥有的一切，攀登到高处，对过往越发看得淡然，心态也越发平和。他不会像那些曾经不正眼瞧他的、站在高处的人那样去俯视他人，永远平等待人，诚恳待人，把他的知识、经验、技能悉数传授给后来者。

大学同学Z和Y有着差不多的家庭背景，也有着相似的工作历程，更相似的，是他们对自己的尊重、对他人的尊重，处低处不仰望，至高处也不俯视，坚持内心的信念，最终让生活开出花来。

这是一种难能可贵的素养和品质，只有真正有胸襟、有气度、有高尚情操的人，才能做到这一点。而能够做到如此的人，经过岁月的磨砺，终究会冒出头来，开辟出属于自己的成功人生。

或许说得太远，我要说的是，做好自己，已足够。

你不必努力，同时你也不必成功

"你不必努力，同时你也不必成功。"这句话说得太过俏皮，我不得不被它吸引。

"我已经被鸡汤灌醉了，请不要再跟我谈努力、谈成功。"我带着欣赏的目光看到这句文案之时，深受触动，虽然"成功""努力"这两个词足够老套，但它说得没错。

2017年9月，京东推出一个题为"你不必成功"的广告，对"成功"进行了不一样的注解，走心的文案，瞬间戳中无数白领的泪点。

在处处宣传"成功学"的当下，很多人都在渴望成功，很多人也都在为取得成功而付出努力。但那个广告却告诉你：不必成功。意思就是，你不必努力。

干吗要那么拼命地努力，为了那虚无缥缈、并不知道会不会实现的成功吗？

你不必离开家乡那个小地方，跑到北上广深这样的大城市，住在偏远的地方，每天上下班来回要4个小时，累得都能在地铁里站着睡着。

你不必削尖了脑袋去知名的大公司追求梦想，从最底层的职位做起，干最杂最卑微的工作，处处看人脸色，一步步做到管理层。

你不必天天加班到很晚，一个人下班时感受长街的寂静，脚步匆匆挤进最后一班地铁。

你不必异想天开地想要在北京城买一套属于自己的房子，而在月薪1万的时候贷款300万，活得那么累干啥？

你不必一边从事着繁忙的工作，还一边要这样那样地上学习班或者继续深造来充实自己、提升自己，以致自己苦兮兮忙成狗。

你不必要多高的薪酬、多大的房子、多豪的车子，哪怕远在老家的爸妈常被人问你在外发展得如何，却又不知该怎样回答。

你不必每次都给大家发红包，不必在饭桌上辛苦地计算座次，不必为拒绝借钱给朋友而过意不去，不必为父母的省吃俭用而内疚，不必在过年的时候衣锦还乡，不必承担所有的责任。

一万小时定律不必相信，成功学也不必读，各种学习群、打卡群不必加入，诗和远方不必追求，梦想中的自己更不必成为。

每一个你想抵达的地方，都有人想逃离；每一个你想实现的梦想，很可能只是别人的起跑线。

人生那么累那么苦，何必背负那么多？你不必努力，你也不必成功。

那，是不是人生就这样了？

这并不是一碗毒鸡汤，而是一碗赤裸裸的鸡汤，端到你面前，你喝还是不喝？

成功的人生大都相同，而不成功的人生各有各的不成功。

刘强东在出任 CEO 迎娶白富美，取得世俗定义的成功后，和大家高声说着"你不必成功"，然而，你信吗？

艳光四射的高圆圆对你说别化妆了，反正不用很漂亮，男人最终看的都是内涵而不是外在，你信吗？

小时候邻居的张婶王大妈对你说，别那么努力，你看院里的小王大学毕业挣的钱还不如小学毕业的同班同学小李多，一把年龄了都还没把自己嫁出去，你真的信吗？

生活有太多的不容易，太多的不公平、不成功，不成功的确有大把借口可找。如果你甘心看着自己的生活平淡无奇，看着自己的人生平平庸庸，那你的确可以不努力。

可世界上，哪有那么多不努力能获得的东西呢？学业、事业、家庭，无一是。那些嘴上云淡风轻地说着"你不必成功"的人，要么是真的不想看到你成功，要么本身就不成功得一塌糊涂。

世俗意义上的成功，大都与金钱脱不开干系，但金钱，不代表成功人生的全部。马斯洛需求理论，将人的需求分为生理需求、安全需求、爱和归属感、尊重和自我实现五个层次的需求。真正成功的人，更为看重的是自我实现，实现在这个世界上存在的意义和价值。

"不知妻美刘强东，普通家庭马化腾，悔创阿里杰克马，一无所有王健林，名下无房潘石屹，家里最丑刘亦菲"，那不过是成功人士茶余饭后的消遣之语，从他们口中说出来轻松得不行不行的。可是，从不努力、一无所有的你，敢毫不脸红地说这样的话吗？

不成功，那就只能囊中羞涩得为请心仪的女生吃烛光晚餐还是吃大排档而犹疑不决，怕多花钱却也怕对方嫌自己不够大方。

不成功，意味着父母老无所依，他们生病时不能在身边陪伴照顾的你也不能从物质上给予支持，让他们安度晚年。

不成功，意味着当同龄人升职加薪出入名车豪宅时，你依旧只是一个普通岗位的小员工，领着微薄的薪资，住着租来的房子，企盼着什么时候有个女友有个家。

不成功，意味着别人所拥有的一切美好的东西、精神的追求、加身的荣誉，对你来说都是奢望，只能守着空虚寂寞冷自怨自艾，或者自欺欺人地觉得那只是别人运气好恰巧成功罢了。

比你成功的人，通常比你更努力，可不只是说说而已。当然，成功也会有成功的烦恼，但不成功的烦恼，一定会更多。

现在的人，总是变得越来越焦虑，很多时候，正是因为急于求成。日渐增大的生活压力，迫使我们想要在短时间内干出一番大的成就。那些嘴上说"不想成功"的人，多半都在自欺欺人。

人的一生，只有自己，才能对自己负责。不努力，别人也帮不了你。做一天和尚撞一天钟的日子，得过且过，固然轻松自在，却也少了意义，少了精彩。逆水行舟，不进则退，现代社会的竞争激烈而残酷，就算不能取得多大的进步，至少也不能让自己落后。

生活中，从来不缺少加班加点、争分夺秒、不停在努力的人。他们有的已经成功，有的正行进在成功的路上。所有的努力，对于他们而言，都是为了离成功更近一点。

所以，那句话怎么说来着，"不要自己碌碌无为，还安慰自己平凡可贵"。你要明白，只有当你用尽全力，与成功相遇时，你才可以有底气地对那些不愿努力也不想成功的人说出"你不必努力，也不必成功"。

成功从来不是天上掉下来的，付出才有收获，不想付出，想谈收获？恐怕门都没有。

有些事情，只是看起来很难

早晨上班，不到 7 点半，在拥挤的地铁里，两节车厢的连接处，处在蒙眬睡意中的我突然被旁边的一阵抽泣声惊醒。

抬起头，猛然看到一个模样约 30 岁出头的姐姐，左手拉着一个穿着干净的小男孩，而她则衣着朴素，双手较为粗糙。红着眼的她低头看着微信的内容，抽泣一会儿后突然拿起电话打了过去。所幸那边接通了，那姐姐在电话里用很悲伤的语气探问对方："你真的不爱我了吗？你真的不顾我们的爱情，要和我离婚，抛弃我和孩子和那个女人在一起？"

目睹这幕场景的我，猝不及防地就被触动了一下，忍不住一阵唏嘘。那个姐姐电话里表达出的难过和独自带着孩子的辛苦，让我隐隐感觉到，她的生活是不容易的。

可不是吗？世界有时候真的很残忍，对我们不温柔以待，反而加诸各种不公各种不顺。社会的复杂、生活的艰难、感情的背叛、亲人的离去，都容易给人的心灵重重一击，给你上一堂生动的课，让人无助，也让人无力。

小的时候，总是盼望着长大，以为长大了，就能够自由自在地过自己想要的日子，能够快乐能够幸福，却从来不曾料到，原来人生真正的艰难，正是从离开学校进入社会的那一刻起。长大后的日子，不断体会着摸爬滚打的艰辛，感受着人与人之间的差别，面对只能独自承受的难熬时光。

曾有人在知乎上问："那些难熬的日子，你都是怎么挺过来的？"当我用同样的话语，去问我身边的朋友时，他们也给出了自己的回答。

朋友一：24岁那年，大学毕业工作满一年，学旅游专业出身的我在一家旅行社上班，做导游。重点大学毕业的我，学了这个专科生就够的专业，第一次感受到社会的复杂。做导游接触的人形形色色、鱼龙混杂，平时要经受很多司机、旅行社员工的性骚扰，甚至连投诉都没人理，招我进来的大学师兄也只能劝我忍耐。

可我一堂堂正正受过高等教育的女子，岂能忍受得了这污秽的工作环境，只能愤而辞职。而旅行社对员工又克扣，连五险一金都没给买，拿点可怜的工资，辞职后交完房租就所剩无几。住着偏远狭窄的小屋子，再加上又生病卧床，那段日子，别提有多不堪回首。

朋友二：是啊，26岁，单身，在深圳的一家小电子厂打工，刚刚给正在读高中的弟弟打过去学费，房东又来催房租了，还要寄生活费给体弱多病的父母。我也是女孩子，也爱美，可一年到头却什么也不敢买，连买件衣服也要三思而后行。从来也没有谈过恋爱，怕被嫌弃。只想安安静静地待着，夜里一个人蜷缩在角落里流泪，感慨生活好难好难，哭完第二天，继续带着笑容上班。

朋友三：29岁，马上奔三的大龄青年，不顾父母的反对，一个人来到陌生而遥远的城市，没有家人在身边，没有朋友的陪伴，为了所谓的爱情。但来了没多久，曾经几年异地恋的男友却毅然决然地和我分手了，转身娶了一个本地女生。我苦苦挽留和哀求，但没有任何用。大哭大醉一场之后，开始用拼命地工作来麻痹自己。整天累得要死，除了忙还是忙，拖着疲惫的身躯回到住处时，连个可以说话的人都没有。生活看不到方向，看不到希望，就像生活在黑暗中一般。

朋友四：32岁，一个从小为了更好地活着，总是很傻很用劲的小伙子，工资不高，另一半没有工作，孩子才2岁。房贷压力，经济拮据，工作出错，健康也出问题，生活的种种不顺一股脑儿地袭来，感到苦不堪言。没有人可以求助，挣扎过很多次，甚至想要一死了之，看着一旁的老婆和孩子，却只能打消念头。生，不容易；死，更死不起。

朋友五：35岁，一个在职场中充满危机感的年龄。大把大把的90后新人后浪推前浪，比年轻、比精力、比活跃、比思维、比创造性，自己都不占优势了。虽然凭借多年摸爬滚打的经验，混到单位的中层，但来自四面八方的竞争，已然让人压力巨大。前段时间家中老人去世，花了大笔钱。最近妻子说爱上了别人，闹起离婚。昨天学校又打电话说小孩在学校欺负同学，闯了不小的祸，需要赔偿损失。火烧连营，鸡飞狗跳，苦不堪言……总之没好事，已然不知道用什么词语来形容！

朋友们的这些例子，远远不能呈现芸芸众生在艰难日子中的全部，但却是一个又一个缩影。无疑，处境艰难时，生活是过得很不好的，身体状态、心理状态、精神状态都或多或少变差，甚至感觉全世界就自己过得最糟糕最不如意。

可是，任悲伤泪流成河，对于问题的解决能有多大帮助呢？试问有多少人真的什么都一帆风顺，什么挫折也没经历过？恐怕很少很少。人生不是只有你才觉得苦闷觉得艰难。如果跌倒在泥坑里，你就从此深陷不起，那这辈子兴许就真的没有指望了。

别把"无人与我立黄昏，无人问我粥可温"常常挂在嘴边，越是在艰难的时刻，越要摆脱矫情。换个角度看待艰难，才能摆脱悲观情绪，用积极的心态和顽强的信念去战胜艰难。唯有转变，才能看到希望的曙光。

那些压不垮你的，终将使你变得更强大。人活着，既要会享受美好的、精彩的，也要学会承受艰难的、糟糕的。那句鸡汤怎么说的来着？"将来的你，一定会感谢现在拼命的自己"。

当你正视艰难的处境，努力去跨越它，战胜它，日子变得一点点好起来，再回过头来看看自己所走的艰难之路，更能明白人生的真正意义。

不要怕路上有风雨，请你在人生艰难时，换一种思维，哪怕最为孤独落寞时，也要举起酒杯，干了这叫做"艰难"的苦酒，一杯为月光，一杯为朝阳。

你只是看起来很努力

一个"穷"字席卷了网络。现在，我们以此为乐，放下掩饰。

我看到过一本叫《你只是看起来很努力》的书，下面是一段经典的话：

我们总是信誓旦旦要读书，于是买了很多书，但再也没有打开过书；又比如我们总是花很多时间在网络上，把自己认为有用的东西另存为，直到你的硬盘存满了资料，你还没有真正看过。就像是我们一直忙碌着，不停地花时间收集着我们没有真正了解过的那些自己精挑细选留下来的内容，但是却忘记了最重要的东西：那就是花时间去消化。突然间看到了自己收集错题集的影子。或许这也是自己的根源所在吧！即使知道自己错在哪里，但是没有真正花时间去深刻理解。

观点很深刻。

前不久，有人推荐了 2006 年日本电视台 NHK 制作的老纪录片《穷忙族》，说拍得很现实，看了直击内心，强烈建议云云。在家的时候抽空看了看，一共有三集，每集一个多小时，不看则已，一看下去竟然真的是被吸引，坚持用了三个晚上的闲余时间才看完。

纪录片主要叙述了因为经济全球化的推进，日本出现很多上着班却养不活自己和家庭的现象。有因亲人生病致贫的，有因离婚独自养活孩子致贫的，有因地方经济或行业不景气的因素哪怕努力工作还是贫困的。

现实生活中，这样的群体，有一个专有的名词，叫做"穷忙族"。穷忙族的英文名称为"workingpoor"，最早出现在20世纪90年代的美国，泛指那些虽然拼命工作依然无法摆脱最低水准生活的人们。2009年，日本经济学家门仓贵史专门出版的《穷忙族》一书中，对"穷忙族"下了一个定义：每天繁忙地工作却依然不能过上富裕生活的人。

书中，他用触目惊心的数据指出了"穷忙族"大量存在的残酷事实：美国，3700万人是"穷忙族"；日本，5500万、将近全国四分之一的人口是"穷忙族"。9年后的现在，这个数字不知又增了多少。"穷忙族"放到中国，也有大把大把的人。

在这个物价上涨、薪水不涨、文凭贬值、贫富差距巨大的时代，你有没有觉得自己的身上笼罩着"穷忙族"的影子？毕业找不到工作的大学生，工作N年仍在底层徘徊的职场白领，永远跑不过CPI的工资涨幅，月薪上万也难以买房的窘境……

"忙"本来是好事，意味着一个人有事可做，活得充实，也是成就一番事业、实现人生价值的必要条件。但很多人尤其是生活在大城市的职场人，为了生存，为了家庭，每天疲于奔命，像陀螺一样旋转，然而还是会入不敷出。越来越多的人，在社会的快速发展中，被裹挟进了"穷忙"的行列，在辛酸与无奈中成为"穷忙族"。

没有经济基础，完全依靠自己白手起家的"穷忙族"，为了在大城市挣一个属于自己的容身之地而忙，为了避免因公司效益不好被裁员而忙，为了自己或亲人生病不把积蓄花光而忙，为了孩子入托入学不断攀升的费用而忙，过得甚至比不上月光族。穷忙不仅是职场问题，更是社会问题。

就像是班里的中等生，高不成低不就，"穷忙族"在社会中没有存在感，更没有安全感。在从生存通往生活之路上，始终举步维艰，并且无力改变，这是"穷忙族"真正尴尬和忧伤的地方。

但是，我们可以忙，可以很忙，却绝不可成为真正的"穷忙族"！工作与生活的协调并不是奢侈品，穷忙致富的观念亦不可取，牺牲健康也将遭到经济上的莫大损失。你需要工作，需要生存，但同样需要生活，陷入"穷忙"的怪圈中是不可取的。

要改变"穷忙"的状况，从根源上讲，应当要读懂自己。也就是，揭开"穷忙"的真相，你究竟"穷"在了哪里？主要来讲，不外乎以下几点原因：

（1）对工作效率存在错误的认识；

（2）只知道勤奋地工作，却不知道聪明地工作；

（3）工作中，常常忽视了关键性的细节；

（4）从事的工作过于具体、细碎，把控不了大局；

（5）把穷忙当成一种习惯，形成了惯性思维；

（6）脑子喜欢偷懒，从而让躯体受累；

（7）无目标的"忙"，导致差结果的"穷"；

（8）纯粹瞎忙，自己都搞不懂为什么而忙。

拒绝做"穷忙族"，读懂自己，明确自己人生的方向，明白自己想要什么，才能从繁忙中脱离出来。那么，该怎么做呢？

其一，做好职业规划，少走弯路。

"穷忙族"的特点是看上去很忙，但最终没有大的收获。遇到这种情况，就应当思考自己的人生定位、职业方向了，看清楚目前的状态是否真的适合自己，把那些妨碍自己改变的心理清理掉，为自己做一个合理的职业规划，可以换个工作环境，也可以自己创业，让人生活起来。

其二，调整工作效率，掌握工作要领。

同样的一件工作任务，同事每天都能在下班时间完成，而你却日复一日地加班加点仍然完成不了？遇到这种情况，你就需要仔细想一想是不是自己的工作方式出现了问题，这时候不妨跟同事多请教一下，掌握更为高效的工作方式，明白工作的要领在哪里，化繁为简，学会有效利用时间的艺术，从而逐步走出穷忙的生活状态。

其三，持续学习提升，不要让时间在手中浪费。

磨刀不误砍柴工，持续学习新知识和新技能，有助于效率的提高。工作需要有思路、有重点，通过确认工作目标，做好资源配置，优化先后顺序，来摆脱无效努力的陷阱，从而增加有效时间，减少无效时间。

其四，学会投资理财，让金钱为你"工作"。

要摆脱穷忙的梦魇，须明白金钱本身的价值，换一种思路，学会投资理财，打造属于自己的赚钱机器，不让金钱在自己的手中"睡觉"。多一些挣钱的渠道，生活才会越来越轻松。

忙，要有价值，有效率，有效益。与"穷忙族"对应的是"富闲族"，"富闲族"有钱有闲，越富越闲，越闲越富，具有滚雪球的效应。而要从"穷忙族"往"富闲族"转变，需要走出忙碌的误区，给心灵以自由的空间，学会高效率地利用时间，更轻松地驾驭生活的步伐，找到投资理财的最佳渠道，开创财富倍增的有闲人生。

走出穷忙，在激烈的社会竞争中立于不败之地，是现代人的心声。只有读懂自己，避免穷忙，才是步入"富闲"人生的开始。

穷忙，也许是人生无意犯的错，但要纠正。

该坚持时坚持，该放弃时放弃

人生，就是选择的过程，太贪心，会不舍得放弃，放不开，会收获迷茫。像在海上漂泊的小船，无所适从。

我们在坚持和放弃之间，艰难抉择。

"这世界怎么了？每件事情总有坚持的理由，也有放弃的理由。"

我们从小到大受到的教育都是"坚持不懈""不能半途而废"之类的励志鸡汤语，却没有人告诉过我们，如果一意坚持的东西其实是错的，那又该怎么办呢？是继续坚持还是果断放弃？

作为一个老资格的金庸迷，《天龙八部》可以说是我最喜欢的作品，最经典的TVB黄日华版和央视胡军版的电视剧也都看过。在为乔峰与阿朱的悲剧性爱情唏嘘不已的同时，段誉与王语嫣这一对的故事也让我有些感慨。

以前看小说和电视剧，总是单纯地觉得他俩就是天生一对，天作之合，历经种种曲折在一起，一定能够白头到老，虽然中途有慕容复这样的插曲。现在细细想来，却觉得事实或许不是我一直所想的那个样子。

自从在大理无量山的深谷石洞中见到神仙姐姐的石像，段誉就惊为天人，从此朝思暮想，直到在曼陀山庄见到与洞中石人一模一样的王语嫣，便将两者看做是一个人，从此对其痴心一片。

虽然王语嫣一心钟情于表哥慕容复，但段誉始终不离不弃，就像一块橡皮糖一样对慕容复一行人紧追不舍，哪怕遭受包不同的冷嘲热讽也从不在意。追求的过程中，段誉天天看着王语嫣对慕容复单相思，而自己却从来不曾进入她的眼中。

从一开始，爱情天平的两端，两人就是不对等的。落花有意流水无情，全靠着段誉的硬撑才走到最后，虽然看起来相处时间长，但真正独处的时间却很少。一次是磨坊那一节，再然后就是西夏的深井中。因得知表哥对于自己寻死之事漠不关心，明白已经被彻底抛弃的王语嫣心灰意冷，看到一直对自己好的备胎段誉就在身边，终于一声"段郎"和段誉定情，并随他一同回了大理。

故事看起来是个欢喜的结局，然而新版的结局中，王语嫣回到了慕容复身边，和阿碧一起照顾发疯的慕容复。当段誉走出神仙姐姐的心魔，最终也会明白，自己其实爱的并不是具象的王语嫣，而仅仅是那山洞中的石像而已，一切不过是一场执念。

《倚天屠龙记》的后记中，金庸有一句话，"因为那时候我还不明白"。多少事情，多少真相，多少道理，真的要经历之后才会明白。之前的种种幻想，事后想想，其实挺可笑的。

很多时候，付出并不一定会有收获，比如爱情，真正爱你的人，是不会舍得你苦苦追求的。而不爱你的人，看到你追得那么辛苦，即便答应和你在一起，也终究不是真爱你，最多只是出于感动或者感激，到有一天，你无法对她那么好了，兴许就没有办法挽留她离去的脚步。

那么，该放弃时，何不放弃呢？

很多人都会有这种困惑。有的人说，应该再咬牙坚持一下，千万不要放弃，成功往往就在前方；也有的人说，应该果断放弃，再找别的途径，不要在等待中蹉跎了岁月。

人非圣贤，没有人能够预测未来，在面临选择的时候容易纠结，容易迷茫，毕竟取舍的智慧不是人人都有的。鼓吹坚持的口号太多，而教你放弃的声音太少。最难受的，是明明累死累活，却还要把"坚持"这面锦旗扛在肩膀上，来彰显所谓的"高贵品质"。

"愚公移山""水滴石穿""只要功夫深，铁杵磨成针"这样令人耳熟眼热的词语，往往会给人造成错误的自我预判。人是感情动物，也很容易被情绪所煽动，以至于坚持本身就足以让人热泪盈眶。坚持，更是几乎成为成功人士的品质标配。

一个"坚持"，将1%的成功人士和99%的Loser区分了开来。因为坚持看上去太难，难到需要无数的老司机前赴后继地苦口婆心、循循诱导，才能将这种传统美德言传身教，使其不致失传。

但当你因苦累而热泪盈眶，因坚持而自鸣得意时，不要忘了，坚持不一定就是对的，放弃也不一定就是错的。错误的坚持，只会让人在泥沼里越陷越深，不能自拔。有很多的悲剧，都是因为错误的坚持而产生，比如阿紫对乔峰的感情，游坦之对阿紫的感情。所以，在面对坚持还是放弃的选择难题时，其实更应该问一问自己：你坚持的，是否真的是正确的？

"人生最遗憾的，莫过于，轻易地放弃了不该放弃的，固执地坚持了不该坚持的。"柏拉图说的这句话，用在回答这个问题上很契合。

然而，什么是该坚持的？什么又是该放弃的？

现代成功学总是乐于引用一些著名人物，比如达·芬奇、凡·高对画画的坚持，爱迪生对发明电灯的坚持，马云对阿里巴巴创业的坚持，他们坚持的都是自己热爱并且擅长的事。若是一件事是你不喜欢也不擅长的，那麻烦也就来了，坚持下去将会让你感到不适和痛苦，而且也难以取得预期的成果，如果一意孤行地坚持，反而会造成时间、精力、金钱等成本的极大浪费，得不偿失。

佛说：舍得，舍得，有舍才有得，该坚持时坚持，该放弃时放弃，才是明智的选择。坚持是一种美德，而放弃则是一种智慧。轻易的放弃和错误的坚持一样，都是让人扼腕的。段誉对王语嫣的感情坚持，到最后，感动的其实只有他自己。

生活中，放弃还是坚持本是一个两难的选择题，也没有人能给你一个计算公式，去算出什么时候应该放弃，及时止损。

坚持该坚持的，这个没有任何问题。不过，既然盲目的坚持肯定是不对的，就需要给自己一个放弃的理由：

如果"坚持"这件事本身就让你感到很不开心了，难道还够吗？

同时，试着问自己两个问题：

（1）这件事情是否让你感到快乐，或者正好相反？

（2）这件事能否让你成为更好的人？

相信你会明白哪个才是正确答案。

我不叫"一条道走到黑"

朋友的 ID 叫"一条道走到黑",整个人都充满了呆滞,仿佛世界上所有的变通都跟他无缘,他认为的对,是铁打的;他认为的不对,绝对是十恶不赦的。

我很少去评判一个人,也不好多说什么,只希望他能自己领悟。

最近,他特别苦恼,说他的新工作开展得不太顺畅,遇到了一个特别固执的领导。新领导的思维仿佛是铁铸的一般,不允许任何人质疑他的工作和管理方式,否则,就没好果子吃。谁的意见他都听不进,觉得自己是绝对正确的,没有任何人能够说服这个新领导。

"你说,怎么会有这样固执的人呢?"电话那端朋友的唉声叹气透露着深深的疲惫和无奈,好像怎么也排解不了郁闷之情。朋友的处境,也让我感同身受,是啊,怎么会有那么固执的人呢?

"他就是你的样子。"我说道。

朋友无语。

不少情况下，我们都会遇到一些特别固执的人，比如朋友口中提到的新领导，跟他交谈时，从各个角度去客观地给他分析一个问题，提出中肯的意见，但对方却怎么都不接受。尤其是在一番争论毫无结果时，会有深深的挫败感，捶胸顿足、歇斯底里也无法让对方不固执。

几年前，一个远房表妹遭遇了一场情感骗局，明眼人一看就知道男孩在骗她甚至利用她，而她却浑然不自知，固执地以为男孩是真的爱她，任凭外人怎么说，都不会改变主意，甚至以为别人不怀好意地想要破坏他们之间的感情，深陷其中难以自拔。

与此同时，我也苦口婆心地劝她趁年轻多学点东西，多历练，努力提升自己的能力，这样对自己的人生也会有帮助。她不但不听，甚至反驳我再有知识、再有能力也没用，还不是什么都要靠钱、靠关系、靠运气，何必那么努力。她的生活，总是把"这都是命"挂在嘴边，透着固执的悲观主义色彩。

某位在中央部委直属事业单位做研究工作的中年离婚男，在追求我的一个闺密，邀请我的闺密去他家。而当我的闺密过去参观时，见到的是老旧的房子内糟糕的装修、遍地的灰尘、脏乱的摆设，邋遢得让她顿时三观尽毁，她连一口水都喝不下，因为水杯有异味，而放置水杯的茶几上又脏又乱，灰尘三尺厚。

她提出意见，但中年离婚男却一再认为他家很干净，特地打扫过的，甚至说"你上哪儿找完美的人去"。他承认自己不会体贴人，但却提出凡是体贴人的男人都会出轨这样荒谬的观点，让我的闺密直接无语，无法容忍地夺门而去。

"完全没有一点正确的自我认识，固执得不像话，简直是太不可理喻了。"闺密气愤地说。

如果就"你生活中遇到的那些固执的人"发起话题，恐怕会搜集到数不胜数的案例。

子曰："唯上智与下愚不移。"世界上最固执的有两种人，最聪明的人和最愚蠢的人。一个人过往的经历、经验，读过的书，走过的路，认识的人，都会构成他对世界的认知，使他自觉不自觉地产生惯性思维。认知能力是智商、情商、财商等综合实力的体现，真正优秀的人会保持其独特的个性，但独特的个性并不是固执，固执是某种程度上的人格缺陷。

当一个人的认知水平越有限，视野会越狭窄，想法就会越偏颇，越缺乏判断力，人也会表现得越固执。固执和执着也不同，执着是一个人坚持初心，不被同化，始终向着既定目标前进。固执却是以自我为中心，明明大家都认为是错误的做法，他却从来认识不到自己的问题，拒绝从其他角度去想事情，不愿和人真正平等地沟通，自我封闭，原地踏步。甚至，演变为过分的偏执和执拗。

一旦如此，一个人就很难再进步，再成长。因为，恰恰是固执阻碍了良好个性的形成，使得人缺少宽容和明理之心，阻碍学习、思考和接受新鲜事物的能力。

当局者迷旁观者清，固执的人很容易在自我坚持的道路上停滞不前，陷入恶性循环的怪圈中。固执，实际上是无明和少智的表现，典型的一条道走到黑行为。

世界的颜色不是非黑即白，而是由赤橙黄绿青蓝紫等各种绚烂的颜色所组成。一个问题，也不是像高考那样只有一个标准答案，相反，答案可以有许多许多。

这个世界，并不是固执的人可以横行霸道的世界，而是属于充满变通的人。走得快的人会把走得慢的人甩在后面，认知能力高的人终究也会把认知能力低的人甩下。懂得变通，是一件很重要的事。

以前，我也是个很固执的人，遇到事情很爱钻牛角尖，并且也不认为这有什么不好。然而，在遇到一连串的人生打击之后，自己以前所固执认定的理念被一再地推翻和无情地捏碎。

同时，随着不断地学习和经历的丰富，越来越发现自己太过渺小，天外有天人外有人，很多原来固执地认为自己正确的事情，再回想发觉是那么可笑。为此，我一次又一次为自己的无知和愚蠢而感到羞惭。

真正厉害的人物反而很谦虚。当我知道得越多，了解得越多，从很多优秀的人身上学到的越多，再出现固执的场景时，我就会多一些思考，自动、及时对自己的行为进行反省，告诫自己一定要学会变通，而不要犯固执的毛病。

虽然要改变固执的习惯并不容易，但如果你一旦意识到了自己的固执,懂得变通的重要性,踏出了第一步,后面就会好办得多。要时刻提醒自己,更要循序渐进,去学习,去阅读,去改变,去提高自己的认知。

一段时间后,当你发现自己可以从另外的角度来看待问题,能够慢慢听得进别人的意见了,你就会不再那么固执己见了。当你的认知水平越高,越会明白世界之大,天外有天人外有人,你只能变通,谦虚地走在学习、领悟的道路上。

听君一席话,要少走 N 条弯路。所以,别再说"我就是这么固执"啦,不会变通,小心被一浪又一浪拍死在沙滩上。

看得足够远,足够看清未来

一个表弟打电话给我,让我给他准备点资金,他要创业。我无语。

"你再等等,你现在还没那个眼光。"我很少这样说话,但这些建议很中肯。

"不等了,再等就老了。"他坚定地表示。

我欣赏他的坚定,但做事时,仅仅坚定是不够的,还需要眼光,要看得够远。

眼力好的人,能够一眼辨忠奸,慧眼识英才,好坏一看便知，正确推断出人或事未来的走向，我们常常形容为"目光如炬""火眼金睛""目光炯炯""目光长远"，等等。这种目光，是清澈的目光，具有透视力的目光。

然而，很多时候，目光会成为另一种模样：浑浊、混沌，缺乏感知力和判断力，被称之为"目光短浅""目光如豆""目光狭隘"。

在珠宝界，有一个专业术语叫做"赌石"。翡翠在开采出来时，是有一层风化皮包裹着的，难以知道其内的质地如何，是金玉其中，还是凡石一块，必须将其切割后才能知晓。这个行当，很容易一夜暴富，也很容易倾家荡产。所谓赌石，其实就是用璞玉来测你的眼光如何。作为一名珠宝玩家或赌石师，没有一双慧眼是不行的。

历史上，曾经有一块最著名的赌石，叫"和氏璧"。相传2000多年前，春秋时的楚国，有一个叫卞和的人，在荆山砍柴时得到了一块美玉，认为其是宝贝，并主动将其献给楚厉王。楚厉王让王宫里的玉石匠来鉴别，谁知玉石匠只粗略地看了一眼便说只是块普通的石头。

厉王认为卞和是有意欺骗他，便下令砍去了他的左脚。武王登基后，卞和再次捧着玉石去献给武王，同样地，玉石匠仍断定是块石头，可怜的卞和又被武王砍去了右脚。再后来，文王即位，卞和抱着玉石在荆山下哭了三天三夜，眼泪流干了，继而又哭出血来。文王知道后派人去问他为什么哭，他说了一番打动文王的话，使得文王令人将璞玉剖开，果然是一块稀世珍宝，玉匠将之琢成一块价值连城的和氏璧。秦始皇在一统天下后，和氏璧被雕刻成传国玉玺，成为皇权的象征，玺文为"受命于天，既寿永昌"，有定国安邦之意。

这个故事大家都耳熟能详，卞和献璧，却不被厉王、武王所识，以致身遭不幸，多被用来比喻"怀才不遇"的悲剧。不得不说，前两位统治者的眼光，那还真是不行，是非不分，贤愚不识，还滥用刑罚，扼杀人才，所以会错过和氏璧。

对人对事，若目光短浅，不会辨识，将会错过很多机会。而如果眼光对了，那就可能获得幸福、财富、梦想的实现。

再来一个众所周知的故事。1964年出生的马云，从小到大上的都是三四流的小学、中学，初中考高中都考了两次。1982年，18岁的马云第一次参加高考，落榜；1983年再次参加高考，还是落榜；1984年，第三次参加高考的他，终于勉强被杭州师范大学以专科生录取。

专科生马云毕业后当过英语教师，也开过海博翻译社，还当过小商品贩子。

28岁时，马云第一次创业，创办海博翻译社。创业的开始总是举步维艰，第一个月翻译社的全部收入才700元，而房租就要400元。好心的同事朋友都劝马云别瞎折腾了，就连几个合作伙伴的信心都发生了动摇，但马云不。

为了维持翻译社生存，他背着大麻袋到义乌、广州进货，贩卖内衣、礼品、医药等小商品，跟无数的业务员一样四处推销，受尽白眼。1995年，翻译社终于开始盈利，给马云最大的启示就是永不言弃。

31岁时,马云第二次创业,创办中国黄页。在出访美国时,马云首次接触到互联网,回国后便创办了我国第一家真正意义上的商业网站,也是全球第一家网上中文商业信息站点,在国内最早形成面向企业服务的互联网商业模式。

那时的马云仍然很穷,公司开支大,收入少,最惨的时候公司银行账户上只有200元现金。那些说他10万元玩不转互联网公司的人,眼里看到的都是困难,而马云克服种种困难,把营业额从0做到了几百万。

35岁时,马云第三次创业,创办阿里巴巴。1999年,中国的互联网行业已经进入白热化状态,国外风投疯狂给网络公司投钱,网络公司也是疯狂地烧钱。东拼西凑的50万,18个人,相比之下太过寒酸,但他就在这样的情况下艰难起家。

故事的后续大家都知道了,马云和他的团队,创造了中国互联网史上的奇迹,阿里巴巴成为与百度、腾讯比肩的商业巨头。2007年11月6日,阿里巴巴在香港联交所上市,市值200亿美金,成为中国市值最大的互联网公司。马云成了众所周知的"马云爸爸",一度登上中国首富宝座。最初投资阿里巴巴的日本人孙正义及其旗下的软银集团,一下成为最富有投资眼光的人。

马云的故事里,要分析总结他成功的因素,其中有一点,就是眼光。马云的眼力在于他善于发现和把握互联网的发展规律，从中国黄页到阿里巴巴到淘宝到支付宝到蚂蚁金服，无不印证。

他自己也亲口说过，最初创立海博翻译社的时候靠的就是勇气和眼光。相信自己，目光长远，马云在这一点上做得比绝大多数人都要好。

那些曾经质疑、嘲笑、讽刺甚至骂马云是"骗子"的人，也沦为了目光短浅之人，被瞧不起的马云成为获得巨大成功的人，连带孙正义也被媒体捧上了天。

这充分地说明，如果看人对事，没有远见，那么目光短浅者，必定是你。"当初的我，你爱理不理；如今的我，你高攀不起。"

这句话，马云也说过。

找到你生命的"圆心"

你的精力有限、时间有限,所以,规划这件事情,还是少不得的,经历过很多之后,我更加有体会。

没有计划的人生,充斥了让我们痛心的生命浪费。

世界上,我们所能见过的最完满的图形,是圆。它的度数,是360度。

看娱乐新闻,不时看到某位漂亮的女明星或者帅气的男明星,被夸赞为"360度无死角的高颜值",来形容对方美得无缺憾。汉字里,圆也是"完备""周全"之意,所以有"团圆",有"圆满"。

这么完美的圆,我们在上学时,一定是没少画的。初中时上几何课,数学老师都是教我们在一个平面内,以一个定点为中心,以一定长度为距离,用圆规旋转一周,就轻松画出了一条封闭的曲线,叫做圆。

每个圆,都有它的圆心。而对一个圆来说,最重要的,正是它的中心点。人之于世,要画一个人生的圆,首先要做的,是定下你的心,找到属于你人生之圆的中心点。

中心点，与计划与目标有关。你想过怎样的生活，你想成为怎样的人，你想实现何种梦想，你想获得多大的人生成就，都取决于你给自己设置的人生中心点。

就像小时候，老师常常在课堂上问我们长大后的理想是什么，然后得到"当科学家""当老师"这样最广为传播的回答，虽然现实中当科学家没有几个实现得了，但当老师倒是实现起来容易得多。

获得事业上的成功，可以作为人生的中心点；有一个美满幸福的家庭，也可以作为人生的中心点。有的人喜欢热热闹闹、精精彩彩、轰轰烈烈，也有的人喜欢平平稳稳、简简单单、安安逸逸。选择本没有对错，关键在于选择的中心点是什么。

然而，有的人注定标新立异，注定会取得不凡的成就。如果要用一个词来概括，史蒂芬·乔布斯一生的关键词，必须是"创新"二字。1955年出生于美国旧金山的乔布斯，是个天生的奇才。作为苹果公司的创始人，他经历了公司几十年的起落与兴衰，以一己之力大刀阔斧地革新，挽救苹果于危难之中。他先后领导和推出的Macintosh、iMac、iPod、iPhone、iPad等风靡全球的知名数字产品，深刻地改变了现代通信、娱乐、生活方式及整个计算机硬件和软件产业。2011年，乔布斯逝世，全球无数科技迷们为之哀悼。

乔布斯认为，创新是无极限的，有限的只是想象力而已。是他让苹果的"另类思考"广告活动，从20世纪90年代末开始，伴随着苹果的系列产品风靡世界。尤其是iPhone系列手机，可以说是最受国民追捧的智能手机了，每一次新品问世，都会引发抢购风潮，像没用过苹果手机都不好意思出门一般。

创新，就是乔布斯人生的中心点，并且始终不曾改变过。他在梦幻般传奇的一生中，也是个很会鼓动人心的激励大师，他的经典语录中，有三句话让我印象深刻：

第一句话：成就一番伟业的唯一途径就是热爱自己的事业。如果你还没能找到让自己热爱的事业，继续寻找，不要放弃。跟随自己的心，总有一天你会找到的。

第二句话：你的时间有限，所以不要为别人而活。不要被教条所限，不要活在别人的观念里。不要让别人的意见左右自己内心的声音。最重要的是，勇敢地去追随自己的心灵和直觉，只有自己的心灵和直觉才知道你自己的真实想法，其他一切都是次要的。

第三句话：活着就是为了改变世界，难道还有其他原因吗？

这三句话，我都将之浓缩为，"做我所爱"。我们都应当像乔布斯那样，寻找到一个能给你带来生命意义、价值和让你满心热爱的事业。拥有目标和使命感的生活，一定是不缺少绚烂色彩的。

找到了自己的中心点，才会在每周一的早上，十分利索地爬起来，并且对一周的工作充满期待。才会在工作时，干劲满满，最大限度地发挥自身的天赋、才能、技巧，严格要求自己，让自己变得更优秀更卓越。

找到了自己的中心点，才会以绝对的自主权，来决定自己如何生活，而不是被他人的闲言碎语，被他人的思维逻辑所带偏，被他人的所作所为所束缚。

找到了自己的中心点，才会明白，在你的一生中，有什么使命是一定要达成的。是使命，牵引着我们的渴望、兴趣、热情还有好奇心，没有任何人可以代替你来判断你的使命，只有靠你自己来寻找独特的使命。

乔布斯很早就知道他想成为什么样的人，也一直在朝着目标努力，最终做出了伟大的事业。一般成功人士在对年轻人建议时，也大都会说一定要有明确的目标，但也有人会说，我只是个普通人而已，哪里找得准什么中心点不中心点。

著名作家王小波也说过，"根据我的经验，人在年轻时，最头疼的一件事就是决定自己这一生要做什么"。这话很有道理，对我们绝大多数人而言，很多时候并不清楚人生的中心点在哪里，可能只有一个大概的方向，甚至很多时候连方向都没有。

如果你明白乔布斯的话，这个问题，也就不成问题了。也许你一开始并不知道自己的中心点在哪里，但却可以在生活中不断摸索，再积累很多的经验，具备一定的能力和视野后，最终明确目标所在，抓住并把握机遇。

乔布斯说，You have to trust in something，我相信这是对的。

他活着是为了改变世界，那么，你呢？

你是你自己的品牌设计师

每个人都是一个品牌，经营好了，一本万利，经营不好，一塌糊涂。

自从我们步入移动互联网时代，自媒体江湖便风起云涌，无数的自媒体人，纷纷高喊着"人人都是自媒体"。其实，在我看来，与其说"人人都是自媒体"，倒不如说人人都想搞"个人品牌效应"。

品牌一词，起源于西班牙的游牧民族，是个人所拥有的外在形象与内在涵养所传递出的独特、鲜明、确定、易被感知的信息集合体，具有足以引起群体消费认知或消费模式改变的力量。

美国管理学者彼得斯有一句被广为引用的话：21世纪的工作生存法则就是建立个人品牌。不仅是企业、产品、明星需要建立品牌，普通人同样也需要。从某种意义上来说，建立起具有鲜明个性的个人品牌，让大家能够理解与认可，是一种价值的体现。如同明星的颜值效应一样，个人品牌效应的传播，可以获得很多收获。经营品牌，实际就是在经营自己的人生。

有的人月薪3000元却天天加班，有的人月薪30万元却活得潇潇洒洒，人与人之间的差距，很多时候还真是"贫穷限制了你的想象"。借着移动互联网的光，一群叫做"网红"的人，突然间如同生物变种，胜似明星光鲜亮丽，胜似富豪腰缠万贯。所谓的"网红"，干的就是打造"个人品牌效应"的事。

有三个广为传播的自媒体"网红"成功案例，令人津津乐道：

（1）2012年底，一个叫罗振宇的媒体人，与独立新媒创始人申音合作打造了一款知识型视频脱口秀——《罗辑思维》。

2015年12月，罗振宇作为创始人，推出知识服务App——得到。

2017年11月8日，《罗辑思维》入选时代影响力·中国商业案例TOP30。

《罗辑思维》倡导一种"U盘化生存"的生存状态，"自带信息，不装系统，随时插拔，自由协作"。无论是《罗辑思维》还是"得到"，都成为移动互联网流量红利的吃螃蟹者。

从2012年开播至今，《罗辑思维》长视频脱口秀累计播出了200多集，在优酷、喜马拉雅等平台播放超过10亿人次，制造了大量互联网经济、创业创新、社会历史等领域的现象级话题。

（2）2015年初，一个叫姜逸磊的28岁姑娘跟大学同学霍泥芳开始以名为"TCgirls爱吐槽"的微博账号发表短视频，视频中的她完全抛开美女包袱，以浮夸表演博得网友的纷纷点赞；

2015年7月，开始陆续发常见无厘头恶搞视频的秒拍和小咖秀短视频；

2015年8月，在其个人微博上试水，发布了嘴对嘴小咖秀、台湾腔+东北话等一系列秒拍视频，其中她发布的短视频《男性生存法则第一弹》在微博上获得2万多转发、3万多点赞；

之后，又推出了日本马桶盖、男女关系吐槽、烂片点评、上海话+英语等系列视频；

2015年10月，利用变音器发布原创短视频内容，并在2016年2月受到关注；

2016年3月，姜姑娘获得1200万融资；

2016年6月16日，获得超级红人节微博十大视频红人奖。

这个姜姑娘，就是大家所熟知的"papi酱"。

（3）2015年底，标题名叫《致贱人：我凭什么要帮你》《不是我太高调，而是你玻璃心》的两篇文章，突然在微信朋友圈被大量转发，作者"咪蒙"蹿红。自2015年9月15日发第一篇文章到12月底，咪蒙一共发了70篇文章，篇篇文章阅读"10万+"，有些甚至超百万。

在人们普遍认为自媒体红利时代已经结束的时候，咪蒙用不到一年的时间杀出一条血路，成为现象级超级自媒体，自媒体界最红的"网红"之一。

情感文，影评文，自我塑造文，咪蒙用一篇又一篇标题极具煽动性的文章，选题紧跟热点，简单粗暴而又切入点独到，有用有趣的同时引发读者的共鸣，并且传播价值观，输出品牌理念，打造出了常人难以企及的个人品牌效应。

坐拥千万微信公众号粉丝、始终都能掐中粉丝兴奋点、几乎篇篇文章"100万+"阅读量、单篇软文收入近70万、员工月薪6万，这样的成就对于新媒体乃至整个内容行业来说都是神一样的存在。

以上的《罗辑思维》、papi酱、咪蒙都是个人品牌塑造非常成功的例子，并通过个人品牌效应的传播产生了较大的社会影响，知名度大为提升，同时也赚得盆满钵满。可以说，品牌的力量是无穷的。

正如一个形象的老段子：

男生对女生说：我是最棒的，我保证让你幸福，跟我好吧。——这是推销。

男生对女生说：我老爹有3处房子，跟我好，以后都是你的。——这是促销。

男生根本不对女生表白，但女生被男生的气质和风度所迷倒。——这是营销。

女生不认识男生，但她的所有朋友都对那个男生夸赞不已。——这是品牌。

作为一名职场人士,想要在激烈的竞争中脱颖而出,必须塑造属于自己的独特个人品牌,让自己具备核心竞争力。只有这样,才能让更多的人了解你的专长,让需要你帮助的人找到你,让领导需要用人的时候想起你。

对职场新人和老人来说,要打造个人品牌,可以从这几个方面来着手:

1. 穿着得体

每天的着装需要干净整洁、符合时宜,最好能常备一两套职业装,当然偏休闲的商务套装也可以,具体根据公司的要求来穿着。

2. 仪容得当

无论是在办公场所,还是外出见客户、合作伙伴,都应当保持良好的仪容仪表,把自己最职业、专业、精神的一面呈现给他人,这样才能获得更多的机会。

3. 守时重信

在职场中,需要与各色人物打交道,无论是领导、同事、客户还是司机,约定见面的时间一定要遵守,答应别人的事一定要做到,才会赢得尊重与信任。

4. 做好职业生涯规划

如果是新开始一份工作,或者不喜欢现在的工作准备跳槽，就有必要对自己的职业进行一番审视，搞清楚自己真正想要的，规划并找到属于自己的发展方向。

5. 不断学习，自我提升

俗话说，干一行，爱一行。做一份工作不能永远止步不前，而要具备过硬的专业能力和丰富的专业知识，在工作中学习与提升自我，这样做起事情来才会游刃有余。

6. 建设和经营人脉圈子

物以类聚，人以群分，人脉圈子是建立个人品牌的重要渠道。有丰富的人脉资源并用心维护，会让职场生涯顺利得多。

建立个人品牌需要长时间的坚持，通过时间的沉淀让个人品牌效应逐步实现，在这个过程中，一定要坚持，坚持，再坚持。

因为，我们看到在自媒体时代，也都是大浪淘沙的，像《罗辑思维》、papi酱、咪蒙这样将个人品牌效应做到巨大成功的网红只是极少数，而且现在的热度也不如从前。更多的网红，在红了一段时间后，就无法更红，突然不红甚至销声匿迹了。

有个人品牌的人，自己就是个生态，但这个生态的维系是个大课题。

情绪化，有着沉重的代价

今天，公司前台提出辞职，原因是早上被领导给骂了一通。也许一次被骂只是导火线，较深层的原因是日积月累地被骂，以及一班人长期不断地抱怨造成的。

骂，已经是公司的企业文化了，可偏偏公司办公室隔音效果又不好，领导的嗓门又大，只要谁开骂谁被骂，一会儿全公司都知道。

好事者，会竖起耳朵听，然后再八卦一阵，最后是一班"难兄难弟"在一起相互抱怨，再把陈年旧账翻出来，再炒一遍，效果就更显著了，个个群情激昂，人人义愤填膺。结果凡遇责备，轻者出言顶撞；稍重者，干活磨洋工，出工不出力，软罢工；再重者，就开始煽风点火；最后就有人提出离职了。

我曾经是个很情绪化的人。

读高中时，我又好强，心理素质又不好。高二下学期，我一如既往考了班上的第一名，不过，有一个意想不到的情况出现了，那就是另外一个女生和我并列第一，她的名字，还排在了期末考试成绩表的第一位，我反而被排在了第二。

真是岂有此理！

这是我想当然的第一反应，心里完全没有了第一名的喜悦感，而是恼羞成怒，对那个分数跟我相同的女生产生了成见。我想也不想地就冲到班主任办公室，要求他在给班上同学每个人分发成绩单时，必须把我的名字排在第一位。

我担任班长，又一直是班上成绩最好的学生，习惯了名字排在第一。班主任就算觉得我的要求有点无理取闹，但他一向很器重我，这点要求当然照办。于是，我的自尊和强势促使班主任将原本排在第一位的那个女生的名字换成了我的。

不过，学校的年级排名，仍旧是那个女生排在前面，想想总不能再冲到教务主任面前去提出要求，便没有再得寸进尺了。

如今想来，当年十七八岁时争强好胜的自己，做出的事情实在是有点好笑的。是情绪化导致了认知的偏执，认为我的名字就应该排在那女生前面。其实考了同样分数的两个人并列第一，谁的名字排前谁的名字排后一点实际意义都没有。相反，当时的我更应该做的，是就此事认识到其实我不是没有竞争对手的，不能想当然认为自己一定就会次次都考第一，而应该看到自己的不足，反思自己的问题，更努力一些，让自己的成绩下次毫无争议地排在第一位。

班主任当时肯定是明白这一点的，只不过他知道我的性子，为了照顾我的情绪，还是满足了我的要求。

工作后，我容易情绪化的毛病还是存在着，并且在某个时候就会不自然地暴露出来。

两年前我刚好换了一家新公司，新的环境、新的同事，到公司上班才一周多的我，一切都还在适应期。

部门经理是个好玩又有趣的人，工作中充满想法与创意，人很好相处。一天下班后，我刚好离开办公室走出办公楼外，忙着要去见一个约好了时间的朋友。但很不巧的是，部门经理的电话就在那个时候打来，让我马上回办公室，有一个重要的工作任务需要我完成，着急要。

我心想早不说晚不说，偏偏在我下了班又有事的这天，突然情绪就上来了，电话里不愿意吭声。部门经理一听我没回应，感觉得出我不太乐意，就说好话哄我，让我一定要回去赶工作任务。我说自己今天确实有事，加不了班，在他的一再坚持下，我极不情愿地挂了电话，折返回了办公室。

回到办公室后，我打开电脑，坐在那里，想着想着就生气，然后没忍住眼泪啪嗒啪嗒地就掉了下来，哭起了鼻子。周围还没有走的另一部门经理首先发现，就问我怎么回事，是不是部门经理欺负我了，后来还拿此逗乐。

部门经理是个大男人，虽说平时有说有笑，但看到我红红的眼睛，一下就吓住了，忙跟我道歉，说今天确实要赶任务才把我拉回来加班的。我强忍着擦了擦眼泪，只好就留在办公室把工作任务做了，心里却是相当不情不愿，想着会误了跟朋友约定的时间。

在办公室里忙了没一会儿，部门经理就叫我停下来，说有事就赶紧去忙，别耽误了。我赌气说"没事"，会在办公室里把事情做完再走，他好言好语坚持让我下班，剩下的由他来完成。

争不过他，我只好先离开办公室去忙自己的事情了。然而这样一来，心里反而有些不是滋味，也有些愧疚。作为一名下属，听从上级的安排，完成好工作任务本就是职责所在，而我表现出来的却是幼稚的情绪化。在职场中，这种状态一不小心就会影响到自己的职场形象。若换做脾气不好、对人严厉的领导，也许就没好果子吃了。

这虽是件小事，但自己却没有把控好情绪，对整个事情缺乏比较理性的认知。本可以用更好的方式来处理，但我却选择了不管不顾地宣泄情绪，哭鼻子式的失态会给自己和上司造成不必要的尴尬，当时有其他部门同事在办公室，如此也会产生不好的影响。

认知与情绪之间的相互关系，属于社会心理学的范畴，并且有一个著名的理论——情绪认知理论。人在不同的情绪状态下会产生不一样的想法，不一样的思维也会产生不一样的行为，而认知过程，是决定情绪的关键因素。

过去经历的两件小事，让我深刻地感受到了这一点。一个人在情绪处于负面的时候，一时之间很难转过弯来，这不利于正确地做事。对自己所面临的环境或事情认知不到位，被情绪所掌控,很多时候,其实都是对自己不利的,它是一种情商低下的表现,甚至会造成不当后果。

真正的情商高手,善于在感性和理性二者之间保持平衡,而不是任由感性一方肆意妄为。这样的人,在社会生活中总是更容易获得别人的好感、认同、尊重。

对认知而言,情绪实际是一种巨大的成本。从今天开始,请一定要刻意地提醒自己,培养思维习惯,认知自己的情绪,并合理地掌控它。

也许时光荏苒,哪怕是最动人的记忆也会逐渐模糊。但所有对情绪和认知的思考,最终会融进你的风度里,融进你日渐变高的情商里。

一个人的时候，学会坦然

"年年社日停针线。怎忍见，双飞燕。今日江城春已半。一身犹在，乱山深处，寂寞溪桥畔。春衫著破谁针线。点点行行泪痕满。落日解鞍芳草岸。花无人戴，酒无人劝，醉也无人管。"

这是我喜欢的一首词，每当想到，脑海中便会蹦出四个字：

享受孤单。

大城市的喧闹让人对孤单没有任何免疫力，我的一个朋友三天两头打电话过来"嘘寒问暖，一起吃饭"。

"你难道不知道你有多烦吗？"我开玩笑地说。

"没感觉，总感觉一个人不是生活，有点凄惨。"

和很多北漂一样，我是一个人在北京工作、生活。每天上班下班，两点一线，日子过得忙忙碌碌，当然，也形单影只。认识的朋友不多，单身。

时常会有朋友问我，北漂那么辛苦，工作那么累，又没有成家，一个女孩子，不觉得孤单吗？每当被问到这样的问题,我总是淡淡一笑,轻描一句"习惯了,便不觉得辛苦"。

是的,我真的是这样觉得。

也许我的心境,可以用一首爱听的老掉牙的歌、台湾歌手林佳仪的《一个人的我依然会微笑》来恰如其分地表达。我不怕暴露年龄,因为年龄本来就摆在那里,无可逃避,也没必要为大龄而感到苦恼或者沮丧。

如果想哭我自己会找地方

你不必担心我会弄湿你肩膀

走在街上到处是寂寞的人

我想谁都不要同情的眼光

受一点伤并不是可怕的事

人就是这样才会愈来愈坚强

一个人的时候,学会了与寂寞为伍,听喜欢的歌,看喜欢看的电影,做喜欢的事,自由自在的,独自一个人,享受孤独的滋味。

一个人的时候,就会想想未来的路该怎么去走,有哪些已经实现了的目标,又有哪些还未完成的梦想,怎样才能更好地走人生的路。与其相信"命由天定",我更相信"事在人为",并且始终相信奋斗的意义,愿意用所有的赤诚和努力,为自己搏一个光辉的未来。

一个人的时候,总是难以避免地想象,前行的道路,也许充满艰辛。但我想,我一定会咬着牙,鼓着劲,拼到最后,不抛弃不放弃。因为,苦难背后,总会有阳光雨露的挥洒，做一枝风雨中的铿锵玫瑰，才是面对生活的最佳态度。

一个人的时候，终于明白光明的背后是黑暗，社会充满了种种丑恶，人性也是复杂多变，慢慢在摸爬滚打中得到成长和历练，懂得了很多年少时不曾懂得的道理，变得越来越坚强。

一个人的时候，会想着将孤单的自己照顾好，在周末的时候，洗去平日工作的忙碌，睡个懒觉，然后，给自己做一顿丰盛的大餐，犒劳自己一周的辛苦。

一个人的时候，会时时给年迈的父母打打电话，问候他们的日常情况，也会找同学、好友聊聊天，哪怕不在同一座城市，情谊始终深刻在彼此心里。

一个人的时候，常常会想起许许多多的事，许许多多的人，在生命中遇见，有的人始终停留，有的人却又擦肩而过，然后不由得感叹，缘分啊，实在是一个奇妙的东西。

一个人的时候，总是难免怀旧，想起从前的时光，那些快乐的、不快乐的日子，终究成了过去，连同你，一起消失在岁月的长河里。

一个人的时候，学会了认清自我，看到自己的优点，也对自己的不足有客观的认识，不妄自菲薄，也不自命不凡，接纳最真实的自己。

一个人的时候，爱上了旅行，从一个城市，到另一个城市，走遍名山大川，看尽长河落日，认识不同的人，领略不同的风景，淡忘一切烦恼忧愁。

一个人的时候，便蜷缩进书堆软椅里，煮一壶温暖的香茗，捧一本喜欢的书，安静地阅读，任静谧的时光在指尖穿梭，而思绪却在文字的国度里自由穿越。

一个人的时候，开始学着微笑着面对一切，那些好的，不好的，我都统统接纳，并告诉自己，这就是生活，若是糟糕便是经历，若是美好便是精彩。

一个人的时候，可以伤感到流泪，也可以兴奋到雀跃，不同的心境不同的状态，都能够任由自己像一匹脱缰的野马一样奔腾，而不用在乎他人的眼光。

一个人的时候，会在宁静的夏天的夜晚，独自站在阳台上，守望长天，一边想着牛郎织女的传说，一边等待着流星划过夜空那一刹那的永恒。

一个人的时候，会去学学插花，然后把各种各样的鲜花绿植抱回家，精心地搭配，让自己的小屋充满缤纷的色彩和蓬勃的生机，连呼吸都是梦幻的感觉。

一个人的时候，喜欢上写文，诗词曲赋，散文小说，从心而写，将奔涌的思绪都化作笔端的文字，不是为了要成名成家，而是想要诗意地栖息在大地上。

一个人的时候，就做做白日梦，那些自己未曾得到的，未曾遇见的，未曾经历的，都可以以梦境的形式，浮现在脑海里，让自己过一把"庄周梦蝶，蝶梦庄周"的瘾。

一个人的时候，会真真切切地思念着一个人，犹如呼啸而过的山风，风大的时候，思念就多一些，风小的时候，思念就少一些，但满脑子，都会是他。

一个人的时候，独自追忆长河畔的孤寂，冷月葬花魂的忧伤，在别人的故事里流下自己的眼泪，然后忘记，继续负重前行，面对真实的生活。

一个人的时候，总是思索"我是谁，我来自哪里，我将要去向哪里"这样的命题，不为庸人自扰，而为探寻生命本真的意义。

你快乐吗？你悲伤吗？你忧愁吗？你又欢喜吗？在你一个人的时候。

与自己独处的时间里，与自己对话，是一件很有趣的事情。一个人走路，一个人吃饭，一个人阅读，一个人思考，一个人写作，是孤独，让生命得到升华，也造就了面对世间种种更从容淡定的自己。

那些过得去的、过不去的，都被独处的时光所洗涤，变成一粒粒珍珠，散落在沙滩上。而北漂的日子，也因孤独而有纯粹的快乐。

犹记得宋代词人朱敦儒的那首《西江月·日日深杯酒满》："日日深杯酒满，朝朝小圃花开。自歌自舞自开怀，且喜无拘无碍。青史几番春梦，红尘多少奇才。不须计较与安排，领取而今现在。"这或许，是对一个人的时光的一种诠释吧。

时光告诉我，一个人的时候，终究要学会，坦然。

心态安然处，才有远方

看到朋友满脸的文艺范儿。

"能不能不要这么装？"我笑道。

"你啥都不懂，这是信仰。"朋友一脸的不屑。

信仰，这个词让我深思。我很长时间，都没有真正问过自己的内心了，想起另一个朋友教给我的培养心态的方法，也被我抛诸脑后了。

"人生不止眼前的苟且，还有诗与远方。"

高晓松的这句正能量经典之语，曾火遍了网络，就跟他的《同桌的你》一样有名。人们总是将之拿来比较现实与理想的斗争，无数的文艺青年和挣扎在现实生活中的人为之备受鼓舞，瞬间胸腔涌出一股热血，高喊道，理想不灭。

第一次听到时，我感觉振聋发聩，简直要热泪盈眶，觉得简直是说得不能再对了。也许是大学毕业后，在社会上摸爬滚打，看到了太多的眼前的苟且，却很少有人是真正为了"诗与远方"做什么，或者把曾经立志追求的"诗与远方"忘得一干二净。

"诗"者，诗意也；"远方"者，理想也。因为懂诗意、懂情调的人毕竟是少数，这里我们就单纯地说说"远方"。

刚出学校的小鲜肉小鲜花们，远方简直太多，多到让青春都无处安放。工作三五年后，把眼前的苟且当成是磨炼，脚踏实地地积累资本，为加薪升职而努力，为建立幸福美满的小家庭而奋斗，远方对他们仍然是存在的。

直到后来，工作时日越长，年纪越长，"远方"在很多人脑中就开始渐渐褪色，如同挂在墙上逐渐斑驳脱落的一幅画，只剩下了眼前的苟且。这些人通常有两三套房，娇妻美子，父母健在，车行车人，生活有一定水准。他们在单位有着一官半职，社会上有一定地位，好像人生该有的都有了。

他们活得自私而苦闷，幸福而纠结，平淡而焦虑。每日浑浑噩噩沉迷空虚之中，彷徨于温饱之际，不屑于各种俗气的东西，却又没有了高尚的追求，心如枯井，没有了活水源头。

想要改变却没有动力，想要学习却提不起精神，想要前进却不知路在何方，想要再绷紧神经拼搏一把，却好像再也找不到力气。

"哎呀，年纪大了，学不动了，也蹦不动了！"多数人都会这样说。

他们，天生软弱而动摇，已经是苟且本身。

那他们是谁？没错，说的正是处在迷茫彷徨中的广大城市中产阶层。

远方论，正是他们中的佼佼者或者幸存者，在逃出生天后，回过头来为仍在坑里的人们点亮的一盏灯，却并没有搬来一架梯子将他们从坑里拉起来。

好多人都不免感慨万千：是啊，老子原来也是个不折不扣的理想主义者，怎么能被蝇营狗苟弄得如此狼狈不堪呢，变成个中年油腻大叔呢？

有的人实实在在丧失了生活的斗志，如果你告诉他，其实他还可以再追求追求"远方"，也许可能会被回怼一句："别跟我提远方！"他的眼里，只剩下了活脱脱的苟且。

为什么会有那么多眼前的苟且？为什么很少有人还会向往远方？

放在以前，我会觉得这个问题没有什么难以解决的，你们赶快都别只低着头看路上的狗屎了，赶紧抬头看看头顶的繁星吧！

然而现在我明白，星星并不是每天都有，刮风下雨没有，雾霾沙尘也没有，而路上的那坨狗屎，可能始终都在那里。高晓松的话说得一点都没错，我是高度认同的，但要考虑到的是，作为一个无权无势无背景的普通人，要在这个社会生存和生活，实在很不容易。

作为一名"80后",我和朋友在一起时,常常自嘲我们这一代人:考大学的时候吧,是考生最多的时候;毕业的时候吧,是文凭最不值钱的时候;工作的时候吧,是工作最难找的时候;买房的时候吧,是房子最贵的时候;生娃的时候吧,是生不起的时候。

用国家的政策节点来说,就是:

1980年,开始计划生育,"80后"成独苗;

1997年,大学开始收费,"80后"步入大学;

2004年,房价开始大涨,"80后"结婚买房;

2015年,国家放开二胎,"80后"成为生育主力军;

2030年,人口老龄化,"80后"将迎来上有4老、下有2孩、偿还房贷的节奏。

生,不容易;死,更死不起。

现实哪有那么多的诗情画意?不是不爱诗和远方,但为了活着,不得不面对眼前的苟且。

高晓松之流,是这个社会的佼佼者,高高在上的精英阶层,或者说是"投胎小能手",一出生就含了"金钥匙"的幸运儿。满是优越感的精英们,可以放下眼前的苟且,可以一直生活在"远方",反正衣食无忧万事不愁。

这也正是现实最残酷的地方,对大多数普通人而言,一方面羡慕着精英的生活,一方面只能在眼前的苟且中日渐沉沦。

即便如此，我依然向往着"远方"，要真在苟且中消磨时光，人生就真的要"gameover"了。

如果不是不安于苟且，我也不会一个人背井离乡，成为一名北漂；

如果不是不安于苟且，我也不会一边工作一边继续读书，把自己累成了狗；

如果不是不安于苟且，我也不会到现在还依然选择单身，而不是早早结婚生子，每天柴米油盐酱醋茶。

你可以选择苟且，但请不要安守着苟且还对仍然心存"远方"的人加以冷嘲热讽，不要用你的碌碌无为来告诫他人"平凡可贵"，不要被自己狭隘的视野困囿在混吃等死的坑中，浇灭年轻人燃烧着的奋斗火焰。

但同时，"苟且"与"远方"并不是互相对立和割裂的，"远方"须立足在有了"苟且"建造的物质基础之上，否则"远方"只能沦为不切实际的空想。

我们要苟且，我们也要远方。

当你真正明白了"苟且"的意义所在，正确看待二者之间的关系后，才能有一个安然的心态，不骄不躁，不疾不徐，让"苟且"与"远方"和解，然后，在满世界的苟且中打个滚，继续前行，奔向远方。

第二章
心不动，孤独又何妨

曾经听一个朋友说，千万不要在下午的时候睡觉，当你在夜幕降临的时候醒了，你会发现，你好像被这个世界抛弃了，所有灯光都与你无关，这个世界也与你无关。我不以为然，每个人的人生都是一样，曾经的喧闹都是短暂，唯一可以依靠的，是你那颗不曾失落的心。

第三章
心不动，她就又如何

曾经以为一切都是一个限期，十万八千年在平时的感觉里，是长得足以被遗忘的时节了。你会以为，地球绕着这个世界转了不知有多少圈又多少圈了，这个世界总还是老天老地。以为，每个人的人生都是一样，曾经的那个他她是谁，都是一页以后就一翻就不再翻起来，是你那颗不曾失落的心。

没有人不曾经历孤独

> 人在世间。爱欲之中。独生独死。独去独来。当行至趣。苦乐之地。身自当之。无有代者。
>
> ——《无量寿经》

佛说,人从生到死,没有不孤独的。但人是群居性的社会化动物,自古便是爱热闹的人多,爱孤独的人少。

归根结底,是因为我们不懂佛所说的话。世间因果种种,"独生独死,独去独来",我们每个人实际上都是孤独的,分开固然是孤独的,同处一室、相聚一处,彼此也是各自孤独的。

因为你的所思所想,对方不能知晓;对方的所思所想,你也不能知晓。就像"世界上没有完全相同的两片树叶"一样,我们都是相互独立的个体,对方的悲,对方的欢,对方的喜,对方的乐,我们永远无法感同身受。

从生到死,没有不孤独的。所谓的一时相聚,不过是一时的因缘聚合罢了。别离,才是人生的常态。

"世间所有的相遇，都是久别重逢。"几年前，看电影《一代宗师》时，印象最深的便是这句话，王家卫像是说给自己，也像是说给所有人。

电影中，宫二与叶问的最后一次离别，繁华的街市，阑珊的灯火，恍如遗梦一场。章子怡仓皇的容颜上只剩下明眸皓齿，"在我最美的时候遇见你是我的幸运，但我却没有时间了"。

遥想最初，金楼相遇，一见如故，只是谁都没有转身。最后一面之后，从此宫二只有眼前路，没有身后事，回头无岸。

今宵离别后，何日君再来？

可惜，漫漫长夜里，宫二的感情世界，唯有孤独。

没有人不孤独。尽管，我们行走在同一个时间与空间维度。

傍晚时分，一个人出门，大街上淅淅沥沥地下着小雨，深切地体味着人在天地间的孤独感。在这个陌生的城市里，独来独往，寂寞做伴，已然成了会上瘾的灵魂之药。

生命的历程中，会遇见很多人。有的人陪着你成长，有的人陪着你上学，有的人陪着你共担风雨，有的人陪着你共享喜悦。然而，这些人中，没有人能时时陪伴你，没有一刻的缺席。他们都曾进入你生命的某一段时光，或长或短。而能够长存的，只有孤独。

回忆是一条没有归途的长路，过去的悲欢离合喜怒哀乐都无法再复原，即便是最狂热最坚贞的爱情，也终将消失在历史长河里。没有什么，可以逃得过岁月这把杀猪刀。

一切生命都会有完结的那一天，无论是人类、动物，还是植物。曾经称霸地球的庞然大物恐龙都早早灭绝了。

一切伟大终将不复存在。秦始皇、汉武帝，他们都曾经想要长生不老，但他们没有做到。不管你有什么丰功伟绩，终将在时间的尽头屈服。

神也一样。我们的古代神话传说中，盘古、女娲这样著名的神，用小说的语言来讲，都"归于混沌"。东西方世界的诸多神话故事里，众神也都走向了陌路。

当然，世界上确实存在可以永生的动物，比如灯塔水母，但也只是狭隘的永生而已。在经历过一次转变之后，它也已经不再是原来的自己。

"大江东去，浪淘尽，千古风流人物。"

"前不见古人，后不见来者。念天地之悠悠，独怆然而涕下。"

加西亚·马尔克斯用一部鸿篇巨制的《百年孤独》，深刻地告诉我们：唯有孤独永恒。

人生来就是孤独的，孤独地出生，孤独地死去。

世间纷纷扰扰，每天都在上演着各种各样的剧情，我们追求亲情、友情、爱情、名利、财富、地位，都是为了驱散这与生俱来的孤独。

多少人在长夜里沉醉过，孤独在心里，难以排遣。多少人用微笑的脸庞、温和的眼神、佯装的幸福，试图骗过所有人，却始终骗不了自己的心，其实他有多么孤独。

《小王子》一书中，安托万·圣埃克苏佩里用笔下神奇的世界，向我们描绘了一个成人童话。故事中的小王子是那样一个可人的精灵样人物，让人感到怜惜与疼爱。他的孤独是与生俱来的，居住的B612小行星是那么的小，整个星球上只有他一个人，他每天发现并拔掉有毒的波巴布树苗，每周清理疏通两个活火山和一个死火山。他落寞时曾追着一天看了43次日落，直到那株矫情的玫瑰来到他的星球，孤独解脱的同时新的烦恼也相伴而生。

在更深的孤独中，他离开B612小行星，从相邻的6颗小行星，最后找到地球上，成人世界的种种荒谬让他感到无比迷茫。当发现与他原来的星球上一模一样的玫瑰时，他更感到伤心欲绝，因为他的玫瑰曾告诉他：它是独一无二的。

是象征智慧和灵性的狐狸拯救了他精神的垮塌，教他认识到保持孤独与澄澈的重要性。看东西只有用心才能看得清楚，重要的东西用眼睛是看不见的，小王子开始学会认识这个世界，并逐渐成长起来。

故事的最后，小王子借助毒蛇的汁液，抛却沉重的躯壳，或许是返回了他的B612小行星。宇宙浩渺深不可测，唯有孤独永在，不管是喧闹的还是寂静的。

人生来就是孤品，通过小王子的孤独旅行，展开一场自我救赎，作者从始至终一直在追问存在的意义和价值，探讨孤独这一人类永恒的哲学命题。

孤独与我们形影相伴，成为与生俱来的宿命，然而却不必恐惧，不必逃离。毕竟，没有人不曾孤独。

人生是一场不断认知自我的过程，灵魂的清醒需要孤独的在场，也只有品味出孤独的真正含义，才能懂得生命的可贵之处。

世界那么大，人生那么长，我们唯有背负孤独，继续前行，在永恒的孤独中，有所寄托，有所需要，有所向往，也有所成就。当你老去，繁华落尽，但愿能微笑着道一句：我一生孤独，但我一生快乐。如此足矣。

喜欢喧闹，是自卑的本心

自卑，我对此深有理解。

我本人就有点自卑，一直对自己的外在很不满意，也很怕他们会提及，所有类似相关问题稍有苗头立刻掐灭。

因为，我怕尴尬。

X同学是个很外向的姑娘，上大学时，宿舍里就数她嗓门最大，叽叽喳喳像只鸟儿一样；十分爱喧闹，每晚寝室的夜谈会主题总是由她发起又结束。

按理说，这样的她应该胆子大，然而相反，她是个很胆小的人,出现一只蟑螂,会把她吓得哇哇大叫,令周围人为之侧目;无论是上课还是上自习,都要拉着室友,三三两两成群结伴,害怕一个人走路;如果谁跟她讲鬼故事,她会非常害怕地缩在被子里瑟瑟发抖,连道:"别讲了,别讲了。"

她总说害怕一个人,只有和很多人在一起时,才会有安全感。如果某天亲人都不在家里,就必须将所有灯打开才能睡得着。

以前大大咧咧的我,觉得她很多事情都小题大做,太过喧闹,不是那么喜欢她,但还是保持着不咸不淡的友情。直到工作后,有一天在微信上闲聊时,她说工作中出了些问题,被同事狠批了一顿,心里不好受,然后主动问我,你知道我为什么一直很爱喧闹吗?

我发过去一个疑问的表情,表示不知。

说真的,以前我只是觉得自己和她不是同类人,每个人都有不同的性格,所以从来不曾去多想。如今她把这个问题抛了出来,隔着手机屏幕,我也只能做无奈状,你为什么爱喧闹,我怎么知道?她说同事骂她玻璃心,这我知道的。

但玻璃心与爱喧闹有什么关系?

不知道她那天哪根筋错乱,话匣子就滔滔不绝地打了开来。说她一直佩服我的独立和坚强,看起来总是那么自信,那么神采飞扬。末了,才说到重点:"其实我那么爱喧闹,其实是因为,从小就很自卑。"

然后,她讲了她小时候的故事。个矮,肤黑,扔人堆里都没人能认得出来。

上有一哥，下有一弟，是家里最被忽视的那一个。胆小，怕黑，不敢一个人行路，父母也从来不关心她的感受，好吃的总是先给哥哥和弟弟，考试成绩好受不到表扬，考得差会被棍棒教育。家庭环境带来的阴影一直伴随着她，让她厌恶自己，感觉不到自信，却又难以解脱。

于是，上学和工作的时候，她就用喧闹的方式来掩盖自己的自卑，"这样活着，其实好累"。

X同学的例子，不在少数。社会和人性都是复杂的，很多人都戴着一张面具生活，然而面具的背后，却隐藏了很多我们平时看不到、不曾去思考的东西。

在我们周围，或多或少都有这样的一些人，他们表面光鲜，有的职位比我们高，有的收入比我们高，每天宝马香车，人前人后看上去风光无限。但他们光鲜的背后，却有着一颗自卑的心。

因为做记者的缘故，我结识了一位身家过亿的大老板H，他是本地小有名气的企业家，浑身珠光宝气，大粗金链子，劳力士的手表，爱马仕的皮包，范思哲的西装，镶钻的土豪手机……从上到下，无不在告诉所有见过他的人：我很有钱。

他175厘米的个子，身材壮实，长相不赖，没有很多老板的啤酒肚。但他在我心里的形象，也就只能用"暴发户""土老肥"来概括。有一次采访完，他主动提出要开车送我回报社，盛情难却，也就只好答应了。

然而，他全程都放着毫无美感和意义的三俗音乐，并且把音量开到最大，让坐在副驾驶座的我如坐针毡，耳朵遭受极大的折磨，却又不好发作。

因为采访的次数多了，有时也会被邀请一起吃饭，虽然不情不愿，但又不能得罪。他总是会请一大帮人，饭桌上最喧闹的也是他，吹牛可以从头吹到饭局结束，天南海北什么都侃，完全不着调，但却安然地享受着大家的吹捧。

一次吃饭的时候，有些异常地只是寥寥几个人。在他几乎快要喝醉的时候，跟我们讲起了他小时候的经历。他有一个脾气非常暴躁的父亲，经常对母亲家暴，也对他实行棍棒教育，稍不顺从就会被罚跪，被揍得鼻青脸肿。上学时，因为把同学打伤，对方家里要求赔偿，父亲让他当着学校领导的面，给同学家长下跪，那时候自尊心强，他不愿下跪，却被父亲一脚踹跪下。

虽然，许多年过去了，但是过去的怨一直存在，与他如影随形，并滋生出自卑感。现在他有名有钱，喜欢表现得很自信，很爱喧闹，力图用这种方式来寻找存在感，但却怎么也摆脱不了夸夸其谈背后那颗自卑的心。

脱下外在喧闹的伪装，上面两个故事的主角，都涉及同一个心理学词汇——"自卑感"。

自卑感的成因大致分成两种，一种是儿童时期受到环境影响而形成，但又不愿面对现实，在与他人的相处过程中表现得带有一定的伪装性，因为不成熟的认知，最终对自己造成不良的影响。另一种是由于对自身之外的事物不够了解，便会无意中赋予它们力量和光环，内心产生压力感，从而削弱自己的信心，进而焦虑、自卑、否定自己。这个心理过程的产生是非常迅速的，甚至自己和身边的人都很难察觉。

X同学和大老板H，都属于第一种。自卑的人，容易走两个极端，要么非常不爱喧闹，要么就非常爱喧闹。而喧闹，往往是由于自卑的本心。

话多爱表现性格张扬，就如同农村里柴火煮饭的道理一样。如果柴是湿的，烧起来不仅噼啪作响，还会冒出滚滚浓烟，声音大，火却小。买电器的时候大家也都明白，噪声小的质量好，声音大的质量差。

如果你在生活中碰见特别爱喧闹的人，可能就需要注意了，也许他并不是如他表现出来的那么自信，相反，很可能是自卑。

你对世界微笑，世界报以温情

一次，去会一个朋友。

"你这个笑容太职业化了，一点儿都不自然。"他对我调侃道。

"怎样才算自然？对你我实在无法真心表达。"我回敬道。

微笑，一直都被看做是人类最美的表情，能够传递关爱、喜悦、温暖、鼓励、感恩等种种情绪，是一种胸怀，也是一种境界。

上高中时，某一天上语文课，语文老师徐徐走上讲台，面带微笑地，给我们讲了一个故事：

在中国台湾一个偏远贫困的小山村里，有一个从小失语的女孩，爸爸很早就过世，她和妈妈相依为命，日子过得非常清苦。

一天中，女孩最快乐的时刻就是妈妈回来时，所以每到日落时分，她就会期待地望着家门口的那条石子路，等待妈妈回家。因为妈妈每次下班都会给她带回一块年糕，而对女孩来说，一块年糕就是最美味的佳肴了。

女孩看着妈妈一天天憔悴，不知是什么原因，心里很难过，于是在心里暗暗发誓，长大后一定要好好报答妈妈的养育之恩。女孩很争气，学习也很用功，终于考上了一所她向往已久的大学。

那天风和日丽，女孩上完大学，激动地捧着毕业证书回家，想要给好久没见的妈妈一个惊喜。但她回到家时，妈妈还没有回来。于是她做好饭菜，静静地等着妈妈。

不久，天空飘起丝丝细雨，紧接着，一场倾盆大雨从天而降，女孩非常担心。听到邻居说她妈妈进城了，女孩悬着的心才放下来，以为是妈妈回来太晚，没有赶上车，只好住一晚明天再回来。

可是，一直都快到第二天中午了，雨下得很大，妈妈还是没有回来。女孩不由得焦急了，于是撑着伞，顺着进城的路去寻找妈妈。走啊走，走了很远，她迎来的却不是妈妈的笑脸，而是倒在地上的妈妈。

女孩震惊了，她怎么也没有想到，妈妈躺在了满是泥泞的道路中。她使劲摇着妈妈的身体，去没有得到任何回应。也许妈妈太累，睡着了，她这样想着，就把妈妈的头枕在自己的腿上，想让妈妈睡得舒服一点。

但这时她猛地发现，妈妈的双眼并没有闭上！此刻的她突然意识到，妈妈可能已经死了！她感到恐惧，拉过妈妈的手使劲摇晃，却发现妈妈左手紧紧攥着一包年糕，右手却是一张卖血单！她终于明白：为什么自己能上大学？为什么妈妈每天早出晚归？为什么自己每天都有一块年糕？这回她全懂得了……

她痛苦极了，拼命地哭着，哭得肝肠寸断，哭得撕心裂肺，在风中，在雨中，任由泪水混着雨水滑落脸庞。

瓢泼大雨中，女孩也不知哭了多久。她知道妈妈不会再醒来，如今就只剩下她自己。妈妈的双眼为什么没有闭上？是因为不放心她吗？她突然明白该如何做。于是，她擦干眼泪，决定用自己的语言来告诉妈妈她一定会好好活着，让妈妈放心地走。就这样，女孩在大雨中，一遍又一遍用手语做着感恩的心，不停不歇，一直到那双眼睛闭上。

正巧，有一位叫陈志远的音乐家路过这里，在听说女孩的身世后，大为感动，就写下《感恩的心》这首歌，并给予女孩安慰。这首歌，由歌手欧阳菲菲演唱，并红遍大江南北，教导人们怀着一颗感恩的心，去对待有恩于我们的人。

"感恩的心\感谢有你\伴我一生\让我有勇气做我自己\感恩的心\感谢命运\花开花落\我一样会珍惜"，这个故事曾经震撼了我好久，好久，直到现在，依然记忆犹新。每次看到欧阳菲菲在舞台上的演唱，总是让人感到热情、温暖，有着不做作的微笑。我想，她的微笑中，一定是充满感恩的。

活着的最好态度，并不是马不停蹄地一路飞奔，而是不辜负。不辜负每一个真心对待我们的人，不辜负一点一滴的拥有，去微笑，去感恩。

生命中，总会有别离，总会有悲伤，匆匆逝去的从来都不是风景，而是离人。行走在红尘路上，风也好，雨也罢，坎坷泥泞，委屈忧伤，寂寞痛苦，悲哀惆怅，都会遇上，让我们以微笑相对，感恩那些人，感恩那一段陪伴，感恩那曾经的美好时光。

懂得感恩，是人生的应有品质，一种善良的人性美。心中感恩，生活中才会少却许多怨气、烦恼和忧愁。有了感恩的心，才会有良好的心态，发现生活的美好，微笑面对他人。

我们一生的修行，就是要修炼一颗感恩的心。人，空手而来，空手而回，一切都是世界的恩赐。没有人生来欠你，也没有人必须帮你，帮你是一种情分，而不帮是一种本分。这些恩赐无论好坏，我们都应该感激。

感激每一片绿叶，为空气带来清新；感激每一束花朵，为世界带来芬芳；感激每一片白云，为鸟儿带来梦想；感激每一滴雨露，为大地带来滋养；感激每一缕阳光，为人们带来希望。

感激操劳的父母，赐予了我们生命；感激敬爱的师长，教会了我们知识；感激帮助过我们的人，让我们感受善良；感激伤害过我们的人，让我们变得坚强。

感激失去让我们懂得珍惜，感激痛苦让我们觉醒，感激挫折让我们奋发，感激生命给予我们能量，感激成功给予我们荣耀，感激友爱给予我们幸福。

如果感恩需要一个符号，没有什么会比微笑更合适。悠然地行走在属于自己的世界中，领略人生的幸福与快乐，也品尝生活的艰辛与曲折。

岁月如歌，世间演绎着兴衰更替；生命如河，我们诠释着不同的精彩。不变的，是我们对生活的执着，感恩，微笑，一直一直地，就这样，以正确的人生态度，去度过每一天，每一年。

用最美的微笑对待这个世界，将自己的日子过成一首诗，在感恩之中，让生命的长路上多一些宽容，多一些理解，多一些豁达，也让生命中的情感温暖你我，散发出迷人的芳香。

"您的阳光对我的冬日微笑，从不怀疑这心的春华。"

我有远方，所以不慌

你是否身在异乡，别人的城市灯火辉煌；你拒绝庸碌平常，故乡的安逸让你放弃了飞翔。落寞时，请记得：青春不是眼前的苟且，还有诗和远方。

——易术《没有梦想，何必远方》

很久很久以前，我就向往着远方，总感觉，外面的天空又高又蓝，是我从未见过的美好。

诗人说："我的思想在远方，那里有光明的火种。"我们总是对远方怀有不一样的憧憬，因为远方代表着梦想，象征着希望，也孕育着成功。

一个拥有梦想的人，最不能忍受的就是平庸。当我们赤手空拳来到世间，就是为了寻找我们的远方，因为我们不是父母的续集，不是子女的前传，也不是朋友的外篇。轰轰烈烈一生，总好过平平淡淡。

现实那么多残酷，现实那么多辛酸，当你明明碌碌无为还心安理得，一无所有还追求岁月静好，你就活该焦虑，活该不安，活该烦恼。老杨的猫头鹰说得太对，最怕你一生碌碌无为，还安慰自己平凡可贵。

生活中最难的阶段，并不是没有人懂你，而是你不懂自己真正想要的是什么。当青春从象牙塔逃离的那一刻，我们毫不犹豫地告别被桎梏的空间，满怀激动的心情，当起了自己城堡的国王，想要在未来的日子里自由驰骋，走向远方。

生活难免在重复中显得单调而枯燥，各种有形、无形的压力也时常让我们喘不过气来。曾经的年少轻狂，曾经的热血方刚，都像是河流中的石子，在经过源源不断的现实冲刷之后，变得圆滑，变得失去方向。远方美妙诱人，但要想落地，仍不免回到日常，用眼前的苟且为远方构筑桥梁。因为对大多数人来说，只有经历过真正苟且的生活，才能体会到远方真正的价值所在。

远方，是我们心中最美好的地方，那里繁花似锦，温暖如春，莺歌燕舞，富丽堂皇。我们轻易不能到达远方，需要经历千山万水，也许才能看到远方的模样。

我们的人生常常要承受岁月的打磨，在坎坷挫折中走过，流年似水，然生活不易。其间，有过成功，有过失败，有过喜悦，也有过悲伤，泪水与汗水都曾在我们的脸庞上流淌，此去经年，最终都将成为我们追逐远方路上不可多得的装点。

花开一季，人活一世，在一个地方待得太久，容易变得麻木，变得失去拼搏的意志，被烟火尘土气所熏染，眼界变得狭隘，认知也变得落伍。所以，我选择走向远方，像身穿银白色盔甲的骑士一样去披荆斩棘，像一个凌空展翅的雄鹰一样去翱翔天空，像充满勇气的海燕一样扇着锐利的翅膀去搏击风浪。

很多身边人，在听说30岁的我要辞职只身去北京闯荡的时候，都被重重地吓了一跳，反对之声此起彼伏，一浪高过一浪。

父母尚在，你凭什么要甩下他们，去追求什么远方？去北京，那么远的地方，离乡背井的，你一个人不害怕？听说北京房价很高，生活压力很大，你确定你能吃得消？

北京空气不好，雾霾严重，简直不是人待的地方，脑子被驴踢了吧你？

你要真想去北京也可以，要是混不下去，就还是回老家吧。

反正我是不敢去北京，怕养不活自己。

在老家安于现状的人眼里，想当北漂的人就像是洪水猛兽，他们无法理解为什么明明在中小城市里可以活得很滋润，一个大龄青年不好好找个人结婚生子过安生日子，却偏偏要跑到北京受罪，他们永远想不通。社会只分强弱，不分男女，既然别人没有眼光，那你就须展露你的光芒。

也有朋友说，他也羡慕有梦想的人，说走就走的勇气不是一般人能有的，趁着还单身去北漂没什么不可以，可他年纪大了，上有老下有小，肩上担子重，被生活所束缚着，想走也走不了，已经失去奋斗的劲头。

物以类聚人以群分，总有少数人，能够理解你的梦想，欣赏你的勇气，为你的行动而喝彩。他们会是你前行路上的支持者，你的同路人。

既然那些优秀的人比你还努力，你又有什么理由懈怠，不思进取？

我也不想说得那么体面，却活得敷衍，便在一个烈日炎炎的夏日，毅然决然，收拾行囊，买了张到北京的机票，开始了北漂的生涯。远方就像是黑夜里的启明星，闪烁在我心里，璀璨华光，那么耀眼。

郭敬明说过一句话：要拥有梦想才能看清楚现实，要经历过痛苦才能得到幸福。我选择来到北京，选择行走在一条未知的道路上，寻找自己内心深处真正需要的东西。哪怕鲜有人理解，然一路上点点滴滴的心情，磕磕绊绊的路程，所有以梦为马的日子，都会在经年之后成为内心深处最精美的典藏。

过想要的生活，总是需要付出代价的。一无所有的年纪，没有云淡风轻，只有负重前行。在经历最初的艰苦之后，渐渐地，我适应了北京这座城市的快节奏，在忙碌的工作之余学会了自我调节，也结识到了新的朋友，有了新的人脉圈子。生活，一步步在变得更好。

因为心有栖息的地方，所以从来不觉得自己是在流浪。我要的，从来不是安稳，不是迷茫。我清晰地知道，哪里才是我的方向。

这个时代,是最容易实现梦想的时代,何必要甘于平凡?马云不是说过,梦想还是要有的,万一实现了呢?

鸡血并不是狗血,鸡汤也非毒药,不愿意在现实的苟且中郁郁沉沦的人,宁愿给自己打点鸡血,振奋精神,坚定地奔赴远方,去做自己最想做的事情,成为自己最想成为的人。

成功的花儿,拥有现时的明艳,是因为当初它的芽儿,穿透了奋斗的泪泉,洒遍了牺牲的血雨,这,便是对远方的致敬。

生活不易,我有远方,所以不慌。

无论怎样,不轻易否定自己

一次偶然的机会,帮同事完成招聘工作。

对面是一个手足无措的男孩。

完成了例行的交谈之后,我问他为什么紧张。

"不知道为什么感觉心中没有底气。"他很中肯。

"其实,我以前和你一样,缺乏自信,后来一位朋友对我说,那是你的素养,你总把别人放在高位置,而你自己就会不经意间丧失自信。"我说道。

他对我表示感谢。

上大学时，本专业的一位老师正在编写一本教材，想要招几个学生暑假参与进来，搜集整理资料，查找外文文献，将国外英文文献翻译成中文，并梳理教材内容。

当时班上有好几个同学都报名参加，我也很想去，但又有点犹豫，因为自己从来没编写过教材，怕自己能力不够，事情做不好，让老师不满意。

老师见我举手的时候欲举不举，就鼓励我道，你平时做事挺踏实的，名额就算你一个吧，别不好意思。于是，我就这样加入了教材编写小组，想着，尽力而为吧。

那个暑假，我一直都待在学校里，每天除了吃饭、睡觉，就是埋头做事情。我在教材编写办公室和图书馆之间两头跑，翻阅一本又一本的书籍，查找一点又一点的资料，常常是挥汗如雨，把细碎的工作一点点理清楚，做好与老师和其他几个同学的工作之间配合与衔接。

直到暑期快完结时，把自己完成的部分全部提交给老师，瞬间觉得松了好一口气。年轻的自己，总是缺乏勇气去尝试新鲜的事，喜欢让自己的思维固化，一旦遇到新的事物，内心会习惯性地产生拒绝的想法，会缺乏自信，否定自己，觉得自己能力不够。可是，为什么还没开始去做，就要先急着否定自己？尝试去迈出那一步，你会发现不一样的收获。

工作后，我从事与策划有关的工作，因为天生喜欢与文字打交道，写各种方案倒是游刃有余，但是自己有一个缺陷就是口才不太好，口头表达能力不强，一旦遇到上台演讲这样的事，就容易心里打鼓，总会觉得自己不行不行，甚至会紧张到心怦怦跳。

我的顶头上司正好在演讲方面非常擅长，公司大大小小的活动都少不了他活跃的身影。他总告诉我要放开一些，锻炼自己在口头表达方面的能力。于是在我完成针对客户的促销方案后，他让我到市场部去给同事们讲解整个活动方案，每当我想退缩的时候，他都站在一旁监督，这样我就只能硬着头皮当众演讲。

从第一次开始，逐渐地次数变多，我的表达能力也有了一些进步，人多的场合不那么怯场了，也不再害怕讲不好别人会嘲笑自己，能够有条理地讲解活动方案，也获得了市场部的认可。工作起来，也感到更开心和快乐。

职场上，我们终归是要成长的，大胆一点，自信一点，不迈出那一步，你永远不会知道结果会怎样。犹豫和不确定性的想法，只会阻挡自己前进的道路。所以，不要轻易否定自己，你只管去做，也只有尽力去做了，才会更好地发掘自己的潜力，不留下遗憾。

我从小皮肤就不是很白，个子也不太高，又是单眼皮小眼睛，看到镜子里的自己总是怎么都找不到自信。看到很多女孩子都喜欢自拍，我却从来不喜欢，怕拍出来的照片自己都不忍看。那些为数不多的合照中的自己，也总是让我觉得不好看。

喜欢上了一个帅气的男生，心里总是默默地关注他，留意他的一举一动，却没有勇气与他说上一句话。没想到的是，有一天下班，帅哥竟然主动约我一起吃晚饭，向我表达好感。

受宠若惊的我，有点怯懦地说自己长得并不是很好看，又不会打扮自己，人很老土，没想到他会喜欢自己。没想到的是，帅哥却告诉我，从来没觉得我不好看，反而认为我娇小可爱，能干上进。

很多时候，平凡的我们，总是败给了自己，而不是身边那些异样的眼光。想要与世界为敌，殊不知，最大的敌人不过是自己。世事过后，静下心来思考，才发现可笑的是，正是自己对自己的否定和不客观的评价，让自己变得畏首畏尾，不能正确认识自我。

记得考驾照的时候，我始终都是笨笨的，怎么学都学不会，把自己的教练逼得快要发疯，直言我不适合开车，每次练习都是一样谨慎，但还是难免紧张出错。

和一个朋友谈及此事，朋友笑了。

"我感觉你是心里有鬼，也怪这个社会，老是在流传女孩不适合开车，在你的潜意识里面会有这样的阴影，这让你放不开。其实这也不难，你不要总认为自己难以驾驭汽车，其实你可以想想世界上那么多女司机，你为什么不行呢？"

是啊，朋友说得没错。小时候，学打羽毛球，我觉得难，每次接不上对方发来的球都会跑到一边怄气，但即便这样，打球的次数多了，也就自然而然会了。学骑自行车也是，也觉得难学，好几次都摔倒，跌得鼻青脸肿，后来学着学着，也终于会骑了。为什么开车就学不会呢？

要迈出那一步，真正学会开车，就要冲破内心那道否定自己的防线，打破束缚自己的隐形枷锁，不要停留在臆想的层面，敢于在教练的指导下不断练习，才会把潜能释放出来。要怀着一颗用心的心，凡事，达成之前，先别轻易否定自己。

在生活中，我们也可能会经历这样那样的苦痛，而当遭遇挫折的时候，内心难免凄苦，眼神难免暗淡，视野也难免变得狭窄。这时，很多人产生困惑，容易想不开，甚至会把自己否定了，觉得自己一无是处。其实，在面对残酷的现实时，逃避是无济于事的，应该坦然去面对，而不是自我否定，自我封闭。

当我们对自己的能力产生怀疑时，付出没有得到相应回报时，或者因曾经过度自信而被当做"狂人"时，不要怕，其实我们并没有自己想象的那么糟糕，自己的路也不是别人的一两句话就能够决定的，一时的得失并不能否定你的整个人生，尤其在困难面前更不应害怕。

要学会看到自己的优点，充满自信，活出自我，保持自己的本色，在生命的管弦乐中演奏出优美的乐曲，更好地实现生命的价值。

不努力的人，将会被世界抛弃

世界正在惩罚不努力的人。

仿佛这个世界缺少温情，其实，这是我们自己对自己的残酷。

我的表妹又一次被公司开除了，对此我并不感到意外。

她对工作太过任性，让我都感到无可奈何。令人感到诧异的是，她从来没有准时到过公司，这让她的领导和同事都很无奈，没有时间观念还不是最糟糕的，工作上也是得过且过，很多工作都"烂"在她这个环节……

不要怪这个世界缺少温情，那是因为你对这个世界报以敷衍。

从我们每个人呱呱坠地，用一声婴儿的啼哭声宣告到来的时候，就与这个世界会面了。

也许，儿时的牙牙学语，父母的疼爱，会让我们感觉世界似乎是温情脉脉的。然而，当我们开始上学、工作，感受到人与人的不一样，种种不公平的存在一点一点地以血淋淋的方式呈现给我们看，才发觉，原来世界是这么残酷，一点都不美好。

没错，这是个残酷的世界，却是我们迟早要独自面对的世界。它从来没想过要伪装，也从来没有伪装，只是需要我们去清醒地认识它而已。

弱肉强食，优胜劣汰，是自然界，也是人类的生存法则。世界的残酷，常常体现为激烈的竞争，为生存而竞争，为生活而竞争，不努力，就会被他人碾压。

同时，这个世界又是处处充斥着不公平的。有的人一出生，就赢在了起跑线，他们有钱有闲，比普通人过得不知要好多少倍。

对许多出身贫寒的大学生而言，穷，并不是因为不努力。这个时代的人才靠的是思维，而思维和性格形成又大多取决于原生家庭。好的家庭条件能够给孩子提供好的成长环境、学习条件和好的资源，提供很多见世面开阔视野的机会。

2013年，网友"永乐大帝二世"在天涯发了一篇帖子《寒门再难出贵子》，很快火爆网络，引起大量转发和热议。帖子提出了不同的家庭教育方式所带来的思维方式对人在生活工作中的影响，看起来真实、残酷而无奈，十分发人深省，引起共鸣的同时却又不免让人觉得悲凉。

就连最近一个朋友找我聊天，也冷不防地问我一个问题：你说，像我们这样普通家庭出身的人，是不是再怎么奋斗都比不上那些富二代，如同那句话所说的，"我奋斗了20年，才能和你坐在一起喝咖啡"？

问他怎么又提到这个问题,他表现出了一种深深的无力之感。也许是觉得太累了吧,他这么答道。

每一个想让自己变得更好的人,都并不愿意在所谓现实面前低头。但是现实,却看上去很冰冷。

大城市里,寒门出身的大学生辛辛苦苦打拼,最终成为同龄人中的佼佼者,拿到20万年薪,却还要为还大学助学贷款、支援父母和兄弟姐妹而不得不省吃俭用。而同公司的富二代一年仅仅是收房租,都能有20万的收入。

很多人从出生开始,受到的教育、接触的信息、身边的圈子,都比富二代们差很远很远,能拿什么和别人比拼未来?我们不禁会扪心自问,还有希望打破现实吗?还有希望获得成功吗?我们的一生,难道就只能这样吗?

那么,阶层又能靠什么来打破?如果努力能够打破,就不会有那么多人在前进的道路上头破血流。

我们不时会看到网上出现诸如"你穷是因为你不努力""我为什么不帮助你""你不过是圈子弱,家里穷,智商低""我为什么不和穷人交往"等论调,揭露或真或假的所谓"穷人原罪",对底层人民进行诛心。

这个薄情的世界看上去对底层人民有着深深的恶意,甚至有的人的努力都不是为了打破阶层,而是为了不让自己从现在的阶层沦落。

世界太过冷漠太过残酷,多少挣扎生存在底层的人被打上了懒惰、贪婪、不值得帮助、没有情商活该灭亡在无间地狱的标签，甚至让底层坠落地狱还不够，还要踩上千万只脚才肯罢休。

既然如此，我们就更需要努力。因为，努力不一定会打破阶层，不努力就一定不会。事实也证明，没有人是注定平庸的，只要你肯付出足够多的努力，就会有机会改变和打破阶层的禁锢，历史和现实中这样的例子也不在少数。

我们不应该安于现状，为不思进取寻找借口；我们也不应当为生活中的挫折而萎靡不振，战胜自己，内心强大起来，直面世界的残酷，才是应对这个世界最好的方式。

世界上永远存在这样一类人，他能够超越自己的家庭、血缘、环境，能够挣脱时代给他设下的牢笼，以一己之力，取得不凡的成就，让世界不得不另眼相看，这类人被叫做"牛人"。

在这残酷的世界里，愿你的眼睛，能看得到笑容；但愿你懂，该何去何从；但愿你的梦，不会成空。你要坚毅地活着，充满温度地活着，为成为"牛人"而活着。

想来，终究是要努力的。

不念过去，不忘初心

有人问我，还赞同曾经的自己吗？

我无语，说实话，在很长一段时间内有点鄙视曾经的自己，感觉年少的我，太多幼稚，不够成熟，现在回想起来，即使那时候再幼稚，却有着我们一生不变的东西。

初心。

布鲁斯·巴顿曾说，只有那些敢于相信自己内心有某种东西能够战胜周围环境的人，才能创造辉煌。

一句话，道出了不忘本心的重要性。

生活的一大乐趣，在于它能引领我们去思考自己的本心，并在思考中得以明了，得以深刻。

所谓"人生如逆旅，我亦是行人"，人生就是一段永不回头的旅行。在每一个十字路口前，我们需要拥有足够的勇气，去做出自己的选择。有的人选择随波逐流，而有的人，则选择守住本心。

踏上人生这段旅途，始终坚守住本心，走得精彩走得顺畅的人，总是在少数。而大多数人，却会在随波逐流中失去方向，遭遇失败，生活变得不如意，变得满目疮痍。

很多时候，失败并不是因为本身能力差，而是别人的成功，给自己带来落差感、压抑感和挫败感。他们喜欢去比较在旅途中，谁走的路更好一些，谁走得更精彩一些，反而让自己渐渐失去前进的方向，忘记了前进的目标，最终迷失了本来的自我。

有的人则是因为他们在面对人生选择的时候，会受到周围环境的影响，遗忘了本心。他们虽然也有成功的潜质，也会认真地选择人生方向，也有勇气选择去面对困难与挫折，却往往在亲朋好友等的劝说下，更改了初衷，做出错误的判断，走上了另外一条路。

从我们出生开始，我们就被动地接受着周遭的一切，在成长的过程中，受到家人、师长观念的熏陶，形成一套深受他们影响的判断标准，并在未来的人生旅途中，用这一套标准去衡量自己的行为，局限对自己的定位和生活选择。

在我老家那样的小城市，大人们对女孩子的教育观念，大都是"干得好不如嫁得好""读那么多书还不如人家挣的钱多"，他们觉得你就应该早早地嫁人生子，在省会城市或者家乡那小城市里，安安稳稳地过日子，别东想西想，追求什么不切实际的梦想。在他们眼里，那样的人生轨迹才是正常，才不是离经叛道。但那，从来都不是我的本心。

生活本身充满苦涩，蕴藏着酸甜苦麻辣等各种味道，不可能永远一帆风顺。不用去羡慕别人，不是每个人都那么完美无缺，你只是没有看到别人背后辛勤的汗水罢了。再苦再累，只要坚持向前，属于你的风景终会出现，就看你能坚持多久，追逐多久。

我们想要达成的目标，或大或小。但有的目标，在亲戚朋友们看来，会显得很不现实，不能被他们的观念所接受。比如你想到大城市去打拼，这个时候，他们往往会"好意"地劝阻你，叫你不要好高骛远。有的人，就会在这些所谓"善意"的劝阻中，"认清"自己的位置，然后轻易就放弃了自己的梦想。

也许，在这个社会中，遇到生活的不如意时，有很多人会逐渐放弃自己的理想，开始安于现状，失去进取的动力。但也有另外一些人，能够顶得住前进路上遭遇的坎坷与不顺，守住本心，始终不放弃，最终过上想要的生活，实现想要的成功。

博恩·崔西也曾说过："要达成伟大的成就，最重要的秘诀在于确定你的目标，然后开始干，采取行动，朝着目标前进。"

1978年，由于知识基础薄弱等原因，第一次参加高考的俞敏洪败得很惨，英语才考33分，失利的他回到江阴老家喂猪种地。第二年又考了一次，英语55分，再次名落孙山。作为一个农民的孩子，离开农村到城市生活一直是俞敏洪的梦想，而高考在当时是唯一的出路。尽管生活条件艰苦，但他依然坚持在微弱的煤油灯下学习。

可以想象，在俞敏洪高考接连失利的时候，周围会有多少人劝说他要认清自己的位置，别再瞎折腾。但这，都不会让他改变自己的本心，他始终为自己的梦想而努力。功夫不负有心人，1980年，俞敏洪第三次参加高考，终于考进了北京大学西语系，本科毕业后留校任教。

1991年，俞敏洪从北大辞职，并在两年后创办北京新东方学校，2006年带领新东方在美国纽约交易所上市，成为全国规模最大的综合性教育集团。他用自己的实际行动告诉我们，哪怕遭遇逆境，也不要忘记坚守最初的梦想，并为之付出努力，终将有梦想实现的一天。

没有随随便便的人生，也没有随随便便的成功。不论曾经过得怎么样，不论将来要怎样度过，都应当好好把握现在，做出顺从自己本心的选择，不畏人言，不惧困难。

我们都有自己的喜好、自己的选择、自己的追求，人生的牌局虽然拿什么底牌命运早已注定，但如何出牌却在我们自己。是不忘初心的选择和决定，造就我们未来的人生。

如果你想去大城市发展，那就坚守住本心，不要因为亲朋的劝说而影响自己的决定，勇敢地跟妥协说"不"，付出实际行动；如果你不想随随便便找一个自己不喜欢的人结婚，凑合着过日子，那就守住本心，不要因为年龄的增大而变得焦虑，要结也要因为爱情而结；如果你想创业，那就坚守住本心，不要因为可能会遭遇失败而不敢尝试，只有踏出那一步，你才会真正对创业有更深的体会。

不管其他人怎么说，你自己的感受才是最重要的。无论别人怎么看，也不要打乱自己的节奏。要懂得做自己的主人，知道自己想要的生活，找到最适合自己的道路，为自己而活。

能守住本心的人，一定是潇洒自如的。这是一种真正的成熟，面对生活的淡然，面对选择的坚定，从容不乱，保持独一无二的自己。

守住本心，方得始终，才能接近心中那个最好的自己。

无论怎样，都请不忘初心。

外面再嘈杂，也要内心清净

几年之前，我喜欢摇滚和电子音乐带来的节奏快感，乐此不疲。

短短几年之后，我已经很少听那类音乐，我并非说这是一种进化，而是在经历过很多事情之后，我开始喜欢内心的清净。

是的，拒绝嘈杂。

记得李宗盛曾经在一个《致匠心》的视频里说："世界再嘈杂，匠人的内心绝对、必须是安静的。专注做点东西，至少，对得起光阴岁月。"

他的音乐，歌词质朴直白，旋律朗朗上口，十分贴近生活，就好像信手拈来一般。他所有唱遍生活与沧桑的动人曲目，都是精雕细琢，在制作上要求较为精准和严格，力求让每一个音符都能直抵人心。这个过程，正是如他所说的，摒弃外界嘈杂，沉静内心的过程。

两年前，我坐车到广西出差，看到旅游号高铁的每个车座椅后面都贴了广西的旅游宣传语，那是一句简简单单但却让我印象深刻的话,"世界是嘈杂的,广西是宁静的"。

正好闲来无事,自己又坐在过道边,没有看风景的最佳角度,便久久地盯着那句广告语,在心里一遍又一遍反复咀嚼这句话的韵味。直到回到熟悉的城市,我的脑子里仍会时不时冒出来一排非常温暖的字:在这个嘈杂的世界里执着一份宁静。

随即,灵光一闪的我,拿出手机,将这句话发到朋友圈里,并配了几张广西的风景照,很快便引来很多人的点赞和评论。但对我而言,更重要的是那句话所带给我的冲击力,有一种久违的震撼感。

现代社会,用"嘈杂"二字来形容或许再合适不过了,到处都是钢筋水泥森林,车水马龙,灯红酒绿,人来人往,川流不息。狂躁不安的人们,面上带着焦急的神色,迈着匆匆的步伐,仿佛一刻也停不下来。

一次闲聊时,朋友告诉我,曾经他最向往的是陶渊明诗中"采菊东篱下,悠然见南山"的那种田园生活,在乡下种上几亩地,养一些鸡鸭鹅,侍弄花花草草。但长大后,大学里学软件编程的他还是觉得北上广深这样的大城市更适合他,小时候所喜欢的那种生活状态更适合闲来无事去度度假。

也许儿时的我们都曾有过宁静安逸的田园梦,随着不断成长成熟,田园梦逐渐成为精神世界的乌托邦,生活被世界的嘈杂所裹挟,有些人的梦被打乱得支离破碎、下落不明,有的人却依然将梦安放在心里某个寂静的角落。

这个时代的节奏太快，快得我们只能一直在路上，背负着各种各样的压力，快马加鞭往前赶，去融入纷繁复杂而躁动的世界，不能停，也不敢停。

所有的忙碌，所有的努力，对很多人而言，都是为了今后能够有能力摆脱生活的奴役，有资本去选择自己所向往的那一份清净。就像时不时我们看到媒体的报道，某位北上广深的精英人士在获得事业的成功，实现财务自由后，就辞去工作，带着家人到大理的洱海边开起了民宿酒店，过上"面朝大海，春暖花开"的日子。因为，对现在的人而言，清净是奢侈的，也是诱人的。

诗和远方是我们灵魂的向往，但过上诗和远方生活的人终究只是少数。对大多数人来说，日常生活中都沦为了繁忙得停不下脚步的人。

在这个复杂、功利、充满嘈杂的世界里，我们不能忘却心底那份对清净的追求，有了它，马不停蹄的脚步声会更有底气，更有方向。

平日里，所接触的各种环境中，总是散发着各种嘈杂。快节奏的生活、无节制的空气污染和环境破坏，以及令人难以承受的噪声等都让人难以清净，环境的搅拌机随时都在把人们心中的清净撕个粉碎，让人遭受浮躁、烦恼之苦。

每天醒来一睁眼，看到的、听到的、呼吸到的所有一切，都避免不了嘈杂。在忙完一天的工作后，回到家里，我就会让自己清净下来。宁静的夜晚，窗外有繁星的天空，为我的劳碌和奔波，闪烁着安慰的语言。

把自己收拾干净后，坐下来，泡上一杯咖啡，放一首喜欢的音乐，释放外在的浮躁，缓解疲惫的心灵。渐渐地，心开始归于平静，就像一弯湖水，有了温柔的涟漪，轻轻地荡漾开来。

随着年纪渐长，我越发懂得珍惜所有来之不易的东西。自己选择的路，始终用真诚、善良、勤奋、汗水去铺就，不管有多少的磕磕绊绊，不管有多少的烦恼和不如意，过去的就让它过去，不愿陷在爱恨情仇里，失去那份属于自己的清净。

在工作中遇到的麻烦，产生的不良情绪，开始学着调节，回家了就将它关在门外，让清净成为日子中的一部分，而不是遥不可及的梦想。我辈之人，如能在嘈杂中独饮这杯清净的咖啡，会是一种很难得的感觉。

只有清净时，才能静下心来梳理烦乱的思绪。

清净是一种状态，是心灵的避难所，可以给我们足够的时间来舔舐伤口，然后，重新以明媚的笑容直面生活的不易。

清净是穿越繁华后才能抵达的一种境界。当你不用在觥筹交错时说着违心的奉承话，喝着不愿喝的黄白啤，人们不再关注你，你也因此而远离嘈杂，卸下伪装，回归自己的本来面目。

真正的清净是心理的平衡，是稳定的情绪，是心灵的安谧。当你身心平直地立在生活的急流中,不因贪图而倾斜,不因喜乐而忘形,不因危难而逃避,你就读懂了清净,理解了清净。

这样的清净,氤氲出一种清幽与秀逸,冉冉上升的思绪逃离了城市的嘈杂,营造出一种怡然自得的快乐。

清净如水,拂拭着我们蒙尘的心灵,涤荡满身的浮躁、空虚和沮丧,让内心不为外物所惑,不为环境所扰,正所谓"心远地自偏"。

嘈杂过后,只有长存一颗追求清净的心,才能心胸开阔,不为诱惑所动,坦荡自然。

保持"相对正"的三观

有人说,北漂的灵魂无处安放,或许是的。

但这个地方也有我喜欢的地方,它时时刻刻都在跟你讲道理,洗去你的愚昧,灌输给你相对正的三观。

最近几年,部分网友对早些年拍摄的某些电视剧在网上发表了一些看法,从而引发出一场关于三观不正电视剧的热议。这其中就有《一帘幽梦》《新月格格》等。

"我有一帘幽梦,不知与谁能共,多少秘密在其中,欲诉无人能懂。"哼着《一帘幽梦》的动人旋律,看到的整个套路却是"小三妹妹+勾引姐夫+害残姐姐+最后嫁给有钱大叔"。紫菱爱上自己的姐夫楚廉,在两人想要向姐姐绿萍摊牌时,绿萍却因意外失去了一条腿,不得不结束引以为傲的舞蹈生涯。后来紫菱接受不了打击,跟父亲的朋友费云帆闪婚,去了法国散心,但在结婚之后还跟姐夫牵扯不清。那句"你只是失去了一条腿,而紫菱失去的是她的爱情啊",不管过了多少年,都让人听了想骂人。

《新月格格》里,女主角新月格格因为一场动乱家破人亡，在和弟弟逃难的过程中被比她大20多岁的将军努达海救下。而此前，努达海已经有一个伉俪情深的原配夫人雁姬。但新月却喜欢上了努达海，带着弟弟住进努达海的府中，为了自己的爱情，不顾世俗廉耻，甘愿舍弃格格身份，给努达海做妾。其中有一句台词，"我不是来破坏你们的，我是来加入你们的"。女主忘恩负义，挖墙脚，抢人丈夫还理直气壮，可谓是非常毁三观。

在白吟霜小白兔般的外表下，初看《梅花烙》可能觉得她插足男主和女二号的感情并没有问题，但却在明知男主皓祯要娶公主时还不放弃，坚定地进入男主府中，难以抹杀她动机不纯的事实。皓祯明知道不能给吟霜一个名分，却在娶了公主后依然和女主纠缠不清，在剧中被演成男女之间伟大的爱情。

以现在我们的观点来看，这些显然都是些三观不正的电视剧。

正因为现在有些电视剧里面三观不正的人和事太多了，已经成为一个不得不引起重视的社会问题，以至于我们时常会听到或看到有人用三观不正来评价别人。除了感情方面的道德问题，那么，还有哪些行为可以被看做是三观不正？

"三观不正"是教育部2007年8月公布的171个汉语新词之一，包括世界观、人生观、价值观，原本用来指社会中严重的腐败现象，现在已经扩大到各个层面。

有些事情，我们可以很明确地评价为三观不正，比如某官员道德缺失、贪污腐败，严重违法乱纪。

金钱至上，为了钱可以不顾礼义廉耻，用不正当甚至卑劣的手段去达到目的，去伤害他人的性命，也是"三观不正"的。

好吃懒做，贪图安逸，想方设法啃老，希望通过嫁人或者吃软饭来解决生存问题，自己却不思进取成为寄生虫，同样是三观不正的表现。

从三观不正的爱情观，到贪污腐败的价值观，到金钱至上的世界观，到贪图享乐的人生观，都映射的是三观问题。三观并没有绝对的正确与否，而是正常与否，它是一个相对的概念，符合社会大多数人的世界观、价值观、人生观评判标准的，可以说是相对正的三观，否则就是三观不正。

相对正的三观含义广泛，但总结起来应当是：

世界观：尊重他人的信仰和选择，用心爱这个世界，努力让世界变得更好。

价值观：君子爱财，取之有道。坚信勤奋就会有收获，别人的东西不必羡慕。

人生观：做有意义的事情，勇于追求梦想。不为一己之私做伤害他人的事。

这是个浮华而浮躁的世界，请保持相对正的三观。

接纳不完美的自己

以前的我，不喜欢照镜子。

因为我自己认为，我不够漂亮，也不惹人喜欢，并为此问题在很长的一段时间内，非常苦恼。

做心理咨询的朋友看到我的状态后，笑着对我说，并不是别人不接受你，而是你自己不接受自己，所有别人的不接受都是你自己心里的鬼。

前不久，平时会看看娱乐新闻的我，被某演员整容的新闻给震惊到了。《夏家三千金》里清纯可人，《古剑奇谭》中美丽大方，到如今，浑然变成了大家都快认不出来的、僵硬的整容脸，颜值直线下降。

虽然娱乐圈的女明星爱美无可厚非，整容也不是什么新鲜事，但本来挺漂亮的一张脸蛋，自己却还认为不够美，跑去整容，结果整得连自己的妈妈都不认识了。

别说漂亮女星，就连我们普通人，当站在镜子面前的时候，也难免为镜中的自己不够漂亮或帅气而暗暗生闷气，或者因为自己不够高挑而抱怨连连，再或者因为自己体形有些胖而愁眉不展。这些问题，好像都可以成为自己气自己的理由。

但要知道，我们每个人都是被上帝咬过一口的苹果，高矮胖瘦美丑各不相同，没有谁是十全十美的，连美神维纳斯都有断臂的残缺。

这个世界上，也从来没有完美的人生，即便是我等普通大众非常羡慕的光鲜亮丽的大明星、成功人士也一样。阳光的背后是阴影，而光鲜的背后说不定是黑暗、痛苦和丑恶。

什么是完美？完美意味着360度无死角无瑕疵，是一种来自自己或他人的评价，分为完美的人和完美的事。但它永远都只是一个虚无缥缈的愿景，永远触摸不到的彼岸花。

我们都是凡人，是凡人就都会犯错，自然不会是完美的。所以，你可以追求美丽，追求卓越，追求极致，但一定首先要接受不完美的现实。

你可以很优秀，可以是个斜杠青年，可以是个成功人士，可以是领袖人物，但你永远不可能是一个完美的人。

很多时候，我们对自己都会不满，脸蛋不够漂亮，身材不够好，口才不够好，没有别人有钱，职位没有别人高，过得没有别人好，面对失败的感情也会不断地怀疑和否定自己。这样的心理活动，表面上看似完美主义，对自己要求高，实际上是缺乏自信，对自己没有正确的认识。

困扰我们的，不过是习惯性地看到我们的不足之处，并且在与他人进行比较的时候，首先意识到的是自己的缺陷，进而将之无限放大,最终否定自己。

因追求完美而形成的错误观念、思维模式,主要有三个误区。

误区一:我可以控制别人是怎么想我的。

每个人的想法都是不同的,也许别的人可以通过他们的外表、行为、言论来影响我们怎么看他们,但却不能控制我们怎么看他们。哪怕有的人自认为任何事情都做得很好,表现很完美,但我们却可能会觉得他虚假,并不愿意待在他身边,和他做朋友。如果你是一个易于接受他人的人,那么不管别人是脾气暴躁还是沉默寡言,你可能都会喜欢并接纳。但如果你是个挑剔的人,要喜欢别人就是一件较难的事。

反过来,我们也无法控制别人的挑剔,别人对你的看法,即使你帅气又多金,美丽又动人,善良又真诚。

误区二:完美是有标准的,我可以达到这个标准。

从小到大,我都认为应该做"正确"且"完美"的事,直到后来才发现,自己所认为的"正确"和"完美",在别人眼里,却未必如此。

不是你足够完美,别人就一定会喜欢你,就不会拒绝你。实际上,每个人对于"完美"的定义都是不一样的,完美也没有统一的标准,更别说自己去建立一个标准了。

误区三:我肯定是有缺点的,但我可以努力去掩盖这些缺点,让我看起来更好。

这是一个掩耳盗铃的想法而已。既然承认自己有缺点,那说明就意识到自己在一定程度上是不完美的，如果去一味掩盖，并不代表缺点会消失，它还是会一直在那里，并不会让你看起来更好。缺点，只能去改变，而非掩盖。

接受自己的不完美，真的就很难吗？

我们竭尽全力，只是为了成为想象中完美的自己或是获得别人的认可吗？

如果一味地费尽心思去讨好别人以换取完美的称号，很可能会适得其反。一定要摆脱"只有我完美了，别人才会喜欢我"的思维定式。所谓的"缺点"很多时候不过是自己过于斤斤计较，太追求完美而已。

当我们放下了，从紧绷的状态中抽离出来，不再在意别人的眼光，接受自己是个不完美的人，是一个正常的普通人，心态也就轻松了。

我们都要学着接纳不完美的自己，从各方面修炼和提升自己的外在形象、知识、技能，不断成为更好的自己。

平凡的样貌让我们知道要加倍努力，积极乐观地面对生活；不够高挑的身材可以让女孩显得小鸟依人；小伙精明能干，有些微胖也会招人喜欢；说话不快的人逻辑更清晰思考更谨慎。

学会爱自己，接纳自己，让本真的自己得到充分表达，不去刻意掩饰内心的"缺陷"，才能感到发自肺腑的愉悦之情。同时，我们也要接受别人的不完美，对他人多一些理解和宽容，无论是父母、另一半、子女，还是同学、朋友、同事、陌生人。

接纳自己，换个角度看待自己，找到被自己所忽视的优点，打开自己的心结。

接纳自己，理性认识自己的缺点，有则改之，让其渐渐不再成为缺点。有时候，你所认为的缺点也不一定就是别人眼里的缺点。

接纳自己，不要轻易否定自己，只要你没有停下脚步，只要你真诚地生活。

接纳自己，就是与不完美握手言和，真诚地爱自己。幸福不是如何得到你想要的，而是如何与你不能改变的一切和平相处。爱上不完美的自己，改变能够改变的，接纳不能改变的。

接纳不完美的自己，生活不易，人人如此。当你遇到问题时，不再想为什么不能，而开始想怎样才能时，你的生命就会越来越自由，越来越有力量。

时间给我们很多,尤其是经历

怎么刚刚学会懂事就老了

怎么刚刚学会包容就老了

怎么刚刚懂得路该往哪走

怎么还没走到就老了

怎么刚刚开始成熟就老了

怎么刚刚开始明白就老了

带着这样的疑问,歌曲《一晃就老了》红遍了网络,这些值得深思,时间会给我们很多,尤其是经历。

"这是我第四次创业了。"

坐在面前跟我说这话的人,是我的新房东 F,那天也是第一次见他。

由于下班路上堵车,原本定于晚上 7 点见面的我足足迟到了半个多小时。走进房间,原本坐在沙发上的大男孩站了起来,礼貌地跟我打招呼。他看上去个子高挑而帅气,同时又带着一丝稳重。

谈妥租金,签好租房协议后,时间已经过了晚上 8 点。

本来已经为迟到让他久等而感到有些不好意思，准备先离开，没想到F却主动而执意地要请我一起吃饭。

见盛情难却，我便也点头同意。于是，F开着车，在附近的街边停下来，找了家汤锅店，两人坐下来边吃边聊。

F比我小两岁，来自农村，家里有个跟我同岁的姐姐，从上大学到现在，在这座城市算来已有10年光阴。上个月，他刚当上爸爸，有了一个可爱的儿子。各自做了番基本情况的自我介绍后，F打开了话匣子，讲起了他的创业故事。

刚大学毕业时，F就和朋友一起创业，想要通过自己的努力，有一番成功的事业，让辛劳的父母和老婆孩子过上好日子。但不幸的是，创业没多久就失败了。

但他没有气馁，一边找份工作先干着，一边又筹谋着第二次创业。当二次创业开始后，他又毫不犹豫地一头扎了进来，最终继续承受失败。

当然，他仍然没有放弃创业的梦想。过了两年，用不多的积蓄再次开启第三次创业，然后还是失败。

不甘心的他，在一年以前又开始了第四次创业。当他说到这里的时候，我不禁问他："都失败三次了，如果第四次仍旧失败呢？"

"那就从头再来！"他清澈的眸子里透着果决和坚毅。

第四次创业坚持到现在，其间也经历了数不清的艰辛。公司做知识产权和专利保护服务，最初没什么客户，员工工资发不起，最难的时候连付房租和水电费都是找朋友借的。

2016年春节，由于公司经营实在困难，没有什么钱，更不愿让父母为他担心，他和老婆只能忍着不回老家过年，两人在出租屋里过了一个简单而孤单的春节。

说到这里，他停了下来，整个人静默着，仿佛在回忆过往那坎坷艰难的时光。而我，也没有打断他的思绪。

旋即，他问我："你有没有发现我和你说话的时候，喜欢用左耳凑近一点？"

我点了点头。

谁知，他从怀中掏出了一本《残疾人证》，上面清楚地写着："××，为听力残疾人。"

一个"啊"字从我嘴中发出，然而他却仿佛习以为常，只是淡然地说："我告诉你我是残疾人，并不是为了博取同情，而是想解释一下为什么我总是在说话时左边耳朵会凑近一点，我是怕引起误会，让你以为我对你不尊重。"

原来，他早在几岁的时候就因为一次疾病，右耳丧失了几乎全部听力，而左耳也只剩下一半的听力。因为创业要经常跟政府、企业等各个机构打交道，而自己的听力又不便，有一次跟一位女士在洽谈业务时，就因为离她坐得近了些而遭到对方训斥，说他想耍流氓。

感到难受的他只好解释道，是因为自己两只耳朵只有左耳有一半听力，如果不凑近一点就会听不到对方说什么，那位女士脸瞬间唰的一下白了，连连为自己的失礼而表示歉意。这件事之后，为引起不必要的误会，他就只好每次都跟人提前解释听力问题。

我原本以为这只是一场简单的吃饭而已,但F所讲的他的故事,却让我大为感动。

好在,创业路上,有他的老婆一直支持他、鼓励着他,如今两人有了一个美满的小家庭。而他的第四次创业,也在历尽坎坷之后,开始逐步有了起色,获得了越来越多的关注和认可,近期更是获得了战略投资。

善良,真诚,坚持,执着,面前的F,具备了很多优秀的品质。哪怕听力只剩下1/4,他都始终没有放弃过创业的梦想,没有放弃过努力。在命运面前那么顽强的人,迟早会得到幸运的垂青!

与此同时,我也给他讲了我的故事,生活的波折、独自打拼的不易,在一些特质方面,我们有很多相似之处。直到现在,我们都是互相尊重而欣赏的朋友。

每一次挫折,都是一种成长;每一次打击,都是一次成熟;

每一次伤痛,都是一次蜕变;每一次考验,都是一分收获;

每一次失败,都是一笔财富;每一次困难,都是一次机会;

每一次泪水,都是一次醒悟;每一次抉择,都是一次进步;

每一次经历,都是一次学习;每一次进步,都是一次成功。

F的故事，生动地诠释了对每一次经历的正视，哪怕再多的艰难和困苦，都不能阻挠他创业的决心。他把每一次失败都当做宝贵的财富，不断磨砺自己，准备着，等待着，坚持着，厚积而薄发。

每一次的经历，都有其独特的价值，都能从中得到启发，让自己获得成长。每一次成长的过程，都是从失望中寻找希望，从一次次的打击中变得坚强。凡是不能打垮你的，终将让你变得更强大。直到上天都看不下去的那一天，就是成功之日。

人这一生，苦难在所难免，我们不能埋怨命运的不公，也不能因此而自暴自弃。没有人真的会什么都一帆风顺，有的人事业顺利但爱情不顺，有的人爱情不顺但事业成功，也有的人事业爱情两得意，但与父母亲戚或子女的关系却存在烦恼。或许人一生下来，就该经历一些苦难，也只有经历了，才能更懂得成功的来之不易。

任何经历都是一种积累，经历得越多，人会越成熟。经历得多，生命有长度；经历得广，生命有厚度；经历过险恶的挑战，生命有高度；经历过困苦的磨炼，生命有强度；经历过挫折的考验，生命有亮度。

正视每一次的经历，因为有丰富的经历，才有丰满的人生。

也许，最悲不过背离内心

我和我很要好的朋友无话不谈：

"我的父母感觉我应该去当老师，可我并不喜欢，我更加喜欢现在的工作，为此，我和家人闹了很大的矛盾。"

他的父母，都是教师，他们都感觉为人师表是可以慰平生的，而他们的儿子却并不喜欢，执意要做自己喜欢的事情。

对于朋友的未来，我不想多说话，只是给他讲了一个故事。

三年前，大学同学强子在父母的软硬兼施下，也因为在外企上班辛苦，终于决定收拾行囊，离开上海，回到家乡的小县城，考了个公务员，过上体制内的生活。

前些时日，我正好去西南办事，看时间周转得过来，便联系了强子，说要去看看他。电话里一听是我的声音，强子显得很兴奋，连连道，很想马上见到你。

将手头的事情处理完，我便买了第二天一早的汽车票，赶往强子老家所在的县城。到的时候已经快中午了，一身风尘仆仆，但却一点不影响与老同学相聚的心情。

刚出县城的客运中心站，迎面而来的，正是强子久违的笑脸。

面前的强子，变了个模样，水桶腰，啤酒肚，地中海，白头发，比上次见他时苍老了许多。以前的他，不到170厘米的个头，120多斤的体重，也常常笑说自己是怎么也吃不胖的人。

面对我反应不过来的神情，强子不免尴尬地一笑，走走，咱边吃饭边说。

刚在餐桌前坐下来，我就不免打趣他道，看来做人民公仆的确实日子过得滋润啊。

你就会拿我来开涮。强子说着说着，就把一瓶啤酒灌下肚，没多久，眼睛居然都红了起来，但眼泪始终在眼眶里打转，生生地憋着。

见此情形，我意识到强子离开上海回老家后的生活，并不是我认为的"一份报纸一杯茶""老婆孩子热炕头"的幸福，短短三年，整个人就从原来的意气风发变成了块油腻的老腊肉。

"你看出来了，我现在过得并不开心。"强子见我不说话，只安静地打量他，便插口道。

他说其实当初他本不想回老家来的，虽然在外企确实工作又忙又累，但每个月有两万多的收入，在上海生存下来还是没什么问题的。但他父母只有他这么一个儿子，两个姐姐都已嫁人生子，家里一直都想他大学毕业后就回老家考个公务员，陪在他们身边，再找个当地的姑娘结婚生子，就这样过一辈子就好了。

当时的他是个有想法的青年，觉得自己的人生应当自己做主，不能父母说怎样就怎样，父母为他规划的人生道路，完全是一眼能看到头的生活，他不觉得那有什么意思。于是，不顾父母的强烈反对，他一毕业就找了份在上海的工作，因为毕业于重点大学，刚好专业又对口，就进了外企。

但终究，父亲还是以重病为要挟，将孝顺的他叫了回去。其实父亲的病并没有所说的那么严重，他们叫他回去，还有一个目的，就是给他找了个他们看上的姑娘，让他们两人结婚。

回老家之前的强子，本来在上海有女友，父亲却说两人老家隔得太远而不同意两人交往，结婚一定要找个本地人，经常打电话要求两人分手。见强子父母总是从中阻拦，女友也咽不下这口气，就真的跟他分了手。强子也曾为此事伤心了好久。

在父母的逼迫之下，强子最终屈从了，当起了不想当的公务员，娶了不想娶的人。公务员收入低，但事情不少，喝酒应酬是家常便饭，内心压抑的强子也开始不节制饮食，任由自己横着长，很快，有了双下巴，有了凸肚皮，有了地中海，有了白头发。

"至于这么糟蹋自己吗，你？"

听他说起这些，我忍不住又是心痛，又是生气。

强子又接着灌了一瓶啤酒："那不然我还能怎样？"

现在的他，经常跟父母吵架，脾气变得越来越暴躁，每当不顺心就朝他们歇斯底里地吼，"我现在这样，都是你们一个个害的"，就好像这样才能发泄胸中的怨气一般。而原本强势的父母，也再不敢在他面前吭声。

父母要他娶的老婆，文化不高，只是中专毕业，只是父母是市政府的，从小家庭条件比较好一些而已。两人兴趣爱好完全不同，根本说不到一块儿去。小孩一直让婆婆带着，老婆成天只顾打麻将，根本不怎么管孩子。

我背离了自己的内心啊！

我背离了自己的内心啊！

强子这样大声喊出了两次，惊得左右的顾客都忍不住回头对我们行注目礼。而我却在震撼之中，庆幸自己坚持过着自己想要的生活。

在将啤酒瓶重重地放在桌上的时候，强子抬起头，有些迷茫的神情询问我："你说我还能回头吗？"

我没有回答他。

我也深深地明白，什么叫做"最悲不过背离内心的滋味"。

如果当初他没有听从父母的话，依然在上海继续人生的轨迹，那将会是截然不同的模样。

因现状而深陷痛苦中的强子，我只能理解他，却帮不了他。如果自己没有勇气去改变，去突破枷锁，说再多也是枉然。

但临走时，我依然告诉他，哪怕已经年过30，要拯救自己，也都还来得及，没有什么比背离内心更可悲的事，如果不愿再继续，那就考虑好。我会在上海，等着他这个好哥们儿回归。

强子已经意识到所面对的一切，如今对他来说，最需要的，就是一份勇敢的抉择。而勇敢，从来都属于能够懂得自己内心并且尊重内心的人。

真正的勇敢，是内心平静后对生活的重新抉择，它的原动力绝非来自一碗鸡汤和两滴狗血，而是来自心有狂澜和改变现状勇气的共同化学反应。

放下过去，解脱自己，而后重生。强子，你还可以重新来过。

第三章
人生，从来不轻松

看起来光鲜亮丽的人，内在的煎熬你无法感知，我们都在误会之间不停地揣测，当夜深人静，我们再不需要装扮，又有几人活得轻松？一个朋友的话，我至今很赞同，如果你的人生感到轻松，抛开有人为你负重前行的因素，那你一定是走错了路。

淡定，该来的一定会来

未来，是怎样的？遗憾的是没人能够预知。

相信，这让我和我们无比纠结的未来，在我们的意识中，从来是光明的，但在潜意识里面，又是黑暗的。

早上，地铁，拥挤着无奈的人群，承受着工作压力与各种压力，但每天醒来，思来想去之后，又按部就班赶往自己的工位，开始一天的工作……

每个人都有每个人的活法，但每个人都有着梦想。

彭，我的前同事，我习惯性地叫他彭哥，到了快接近40岁的年纪，还一直徘徊在各大求职网之间，只为了找到待遇更好的工作。

彭哥平常的说说笑笑，让我感到人生也不过如此，乐观点总是好的，走到哪里说哪里，只要还有呼吸，只要还有心跳，只要还能笑得出来，就是美好的一天。但偶然的一天，他严肃地问我：

"马上步入中年了，我还徘徊在挑选工作的大军中，我很迷茫，你说我该怎么办？"

听到这里，我愣住了，半开玩笑地对他说，现在不挺好的吗？过一天算一天呗，有梦想也不一定会实现，你想去创业吗？

"想过不止一次，但是始终存在各种各样的困扰，计划推迟了。"

我无语，我很理解这种感受，让我们缺乏安全感地面对未来，不如委曲求全地待在现有的舒服环境中，这样要好得多，正因为没有安全感，他到现在都选择不结婚，即使他有一个相处了好多年的女朋友，也许也是因为没有安全感吧。

也许，有人会说，有钱就有安全感，但我的理解是，安全感来源于自己强大的内心，无他。

这种安全感的缺失会让人裹足不前，更会让人迷茫。

我说了一通这样的道理给他，他带着鄙夷的目光说了四个字"说得简单"。我无法回驳他这四个字，的确如此，任何人都不愿将自己的未来，托付到一个成功故事或者一番激情的演讲之中，我说的是成熟的人。

为梦想一往无前，本身就是稀缺的品质。很多年之后，再遇见彭哥，还在忙着找工作，只为了能够多点薪水……

突然，脑海中浮现出很多很多的励志故事，很多人只看到感动，却不曾深入体会经历者的痛苦与纠结。

我的一个朋友，莫名其妙生了一场大病，这场大病不但夺走了父母心中的希望，更使她变成一个看不见也听不见的小女孩。

我之所以拿出这个故事，是因为一次眼睛手术让我在黑暗中度过一个月的时间，我终于体会到不能看到这个世界，是多么无助，即使我的亲人在我身边，也难以抹去我心中的焦虑。况且，我知道我的视力在一个月之后就会恢复，尚且如此，可以想象一下还是孩子的她，如何面对自己的人生、自己的未来。

我们都知道，教育一个五官健全的孩子，已经不是一件轻而易举的事了，更何况她又瞎又聋！

但她从来没有停止她的人生。

一天，老师在她的手心写了"水"这个字，她总不能理解，也感到无助。到后来，她不耐烦了，把老师给她的新洋娃娃摔坏了。但老师并没有放弃，老师带着她走到水池边，要她把小手放在水管口下，让清凉的水滴滴在她的手上。接着，老师又在她的手心写下"水"这个字，从此她就牢牢记住了，再也不会搞不清楚。

她后来用手语对我说："不知怎的，语言的秘密突然被揭开了，我终于知道水就是流过我手心的一种液体……

但你要知道，这只是一个汉字。

也许有人会说，她别无选择，是的。但更值得深思的是，我们总是把自己置于有选择的环境中，选择一种比较容易的活法。

记得这样一句话：人如果只是选择比较容易的路，到最后会把自己的路堵死。

虽然，略有偏激，但并不全无道理，人生的每一次蜕变，都不会太舒服，让自己舒服的结果就是停滞不前或者更加迷茫。

我们总喜欢为这样的事情开脱：一个人有一个人的活法。但问题是我们的世界从来不缺少梦想，而为梦想付出并不算太多，如果能够统计的话，这一定是个让人脸红的数据。

没有人对未来胸有成竹。

《复仇者联盟3》虽然是虚构的英雄故事，但却有值得思考的东西，头号人物钢铁侠的人格魅力唤醒整个漫威的未来，记得他在试验并不完全可靠的钢铁盔甲的时候说：先做后说。对于一个不成熟的试验品，况且是自己要付出生命去尝试，是一种冒险精神，也是一种自信。也许，这只是一个故事，但诺贝尔你总是听说过的。你的梦想值得去冒险，你的人生值得去冒险，冒险的前提是强大的自信。

也许，很多人会说，平平淡淡才是真，我想说的，这是一种对自己的态度，并不是对人生的态度。

事实上，没人不渴望成功的喜悦，没人能拒绝别人赞赏的目光，但是，动起来的却很少。只是因为改变有着太多不舒服，未来有着太多未知。

诺基亚这个曾经的手机巨头，就是因为不能与时俱进，而落到现在的下场，这对人生来说，是个很好的教训吧，世界的竞争性无处不在，没人能够"独善其身"，人生的桃花源只是浪漫主义情怀……

如果把梦想定义为成功，不如把梦想定义成生存之道。

说到上面的彭哥，也是如此，到了中年，马上面临着无工可打的年纪，而属于自己的事业并没有起色，生存马上就会成为问题，恐慌是正常的，这也就是人们常说的"中年危机"吧。

世界从来不会等你，梦想也罢，成功也罢，未来也罢，当下也罢，都是如此，即使你不敢面对，未来还是会来。

该来的一定会来，与其被迫勇敢，不如主动迎上去。

其实，没什么可怕的

很多人鄙视懦弱，很多人看不起逃避，其实，大可不必。因为害怕是人类的天性。

在人类进化过程中，为了能够很好地让种族延续，对大自然的畏惧起了决定性作用，想象一下，在大型野兽横行的环境中，懂得害怕和躲避难道不对吗？

人类进化到现在，并没有将这一天性遗失，虽然现在生活环境早已不再那般恶劣。但现在所有的负面情绪中，有哪一项少了畏惧呢？

成功与失败，是人生的必然经历。有意思的是，跟一位老师交谈的时候，他说："如果简单地把行为的结果分为这两种，未免太过草率，我认为，只要做事，结果无非两种，得到与学到，更为准确。"

这种乐观的态度让我稍有不屑，只是换了一个词而已，在后来的很长一段时间内，我始终未能理解，因为即使把失败说得这么漂亮，也无法掩盖对失败的恐惧以及失败后的沮丧。

我朋友小马，脑袋中有太多的想法，仿佛自己要不做点什么，都对不起自己的才华。事实证明，这并非是一个纸上谈兵的人，有想法有行动，二十几岁的年纪，能够在一线城市白手起家开启自己的连锁餐饮，虽然最终以失败告终，坦白说，这算不上大成就，但的确是值得点赞的。

"细节决定成败"，如果不是你亲身经历，你根本不可能真正理解这句话的含义，他说，很多人总认为老板可以指点江山，真正做了，才知道，如果能够处理所有的琐事，才是真正的了不起！我们都喜欢好的想法、好的创意，但如果只在这个层面，是远远不够的。

"虽然失败了，我学到了很多。"他说的这句话，我信服，我看到过他跑前跑后为了琐事而奔忙，这个曾经带着文艺气息的人，变得有点暴躁而直接。

他学到了很多，的确如此，但后来的事情让我真正认识到失败带来的"负面"。

他脑袋里还是时刻装着大干一场的想法，但很少付诸行动了，很多时候，他只是说了自己的想法之后，便不再理会。

"时间还不成熟，我需要一年的筹备时间。"

"让我再想想有没有更稳妥的计划。"

他有点害怕了，那段经历给了他阅历，也剥夺了他的勇气。

这一刻，我才知道，要真正地乐观起来，把失败当成是学到有多难。

现在流行一句话：你本来就不成功，何必害怕失败？这种鸡汤太猛，容不得你理性思考，就热血起来，其实想来，能够在这个理性的社会中，热血起来，也是一种了不起。

我们都活得谨小慎微。

西方文化中，充斥着个人英雄主义，我们中的大多数人，都为其电影中精致的画面冲击力而折服，而诟病其简单的情节。有时候我在想，这样简单的情节能够吸引很多的人，是不是因为有勇敢的成分在里面。

我们需要鼓舞，却又不屑鼓舞。看到的勇敢，我们愿意称之为故事，所有的奋不顾身，我们理解为愣头愣脑。我们感叹《阿甘正传》的不懈努力，而回头，又被眼前的现实吓到。

我接触过很多的培训师，对他们的授课内容也有些许的不屑，认为这种道理也拿到讲台上去讲，有多少人能够铭刻于心呢？又有多少人认真在听呢？

他回答我说，如果你认为怯弱是绝对安全的，那么我们说什么你都带着质疑的眼光在听，对你用处不大。如果你抱着学习的姿态来，或许就会不一样。

我有幸亲临现场，气氛不错，大家都是认真地学习，我决定敞开心扉而接受别人传递给我们的勇敢，感觉还是不错，让我忘记了以前很多的纠结。那一刻，我相信，勇敢是对的。

没有人的耳朵被真正说服过。是的，可能是因为我们不愿去相信勇敢的力量，又或是因为我们认为逃避的感觉非常舒适。

我想到我的另一个朋友，40多岁，小学文化，他的创业经历曲折到别人听说都想退缩。

第一次创业，合伙人不作为，让他的辛苦付之东流，欠下很多的外债。

马不停蹄，继续第二次，因为厂房租赁问题又亏损很大……

继续，第三次，因为业务问题，合伙人中途撤资，还没有盈利。

第四次，他背负着很多的外债和家里的压力，还是选择继续创业，你可能会说，这次他该翻身了吧。遗憾的是，在进行了两年时间后，还是没有大的好转局面，但他，还是坚持。

我问他，你的动力，来源于哪里？他的话简单而直接，"我这种文化水平，打工没人要，只好创业"。

"可以尝试干点别的。"

"算了，还是习惯干这个，总有好的一天，对吗？"

我不知道该如何作答，至少他的勇敢我没有，也许，这是生活所迫，但他完全可以选择别的生活方式。在困难面前，他选择了勇敢，在看不到前路的这十年间，他始终都没有选择害怕，值得尊敬。

如果我们的勇敢都是逼出来的，那证明我们每个人都有勇敢的能力，所以也不是只能选择害怕。

当我们拥有了很多，我们会选择害怕，而不敢前进，因为怕失去；当我们一无所有，我们选择害怕，而不敢奋力一搏，因为害怕沮丧。

其实得到和失去，只是一个看法而已，如果将努力的结果看成是得到与学到，相对就简单一点。

其实，说到底，我们还是不够自信。

不失落，失去是生活的常态

夜晚，喧闹的马路边上，女孩正在大声地哭泣，爱情的苦让她全然不顾旁人的目光，泪水让整个人都步履蹒跚……

本该热闹的办公室内空无一人，年轻的老板眉头紧锁，给员工发完最后一份遣散费，望着窗外发呆。

……

我们都无法对失去免疫，所以会痛苦。

我们告诉自己，时间会冲淡一切，到时候会不同，唯一相同的是，每次失去都伴随着痛苦。失去得多了，可能会麻木，但不代表不痛苦。

人生的得到与失去本就相伴相生，只是我们更喜欢得到罢了。

曾经和一位心理咨询师聊过失去的话题，他说，很多人都是带着失去的不甘、愤怒等不良情绪找到他，然后不停地发泄。他很遗憾地告诉我："如果这些人自身对失去没有一个清醒的认识，那么即使我再努力，也没有办法帮助到他。"

我问他，你怎么理解失去？

他说，对于人生来说，失去是一种常态，如果将它定义为损失，是肯定会带来负面情绪的，但如果把它定义成一种代价，就相对好一点。

为了知识，我们失去（花费）了时间去不断地学习。

为了幸福，我们失去（花费）了精力去追求所爱的人。

为了责任，我们失去自己的某些爱好与任性。

不同的是，一个是主动的，一个是被动的，其实都是代价。

即使是被动的失去，也值得我们认真对待。

《当幸福来敲门》中的克里斯·加德纳，靠做推销员养着老婆还有幼子。克里斯从没觉得日子过得很幸福，当然也没很痛苦，就跟美国千千万万普通男人一样过着平淡的生活，直到有一天，一系列突如其来的失去才让克里斯知道，原来平淡的日子有多珍贵。

即使平淡的生活，也要面对失去的风险。

首先，他失去了工作，公司裁员让他丢了饭碗，妻子因忍受不了长期的贫困生活愤而出走，连6岁大的儿子也一同带走。没过多久，妻子又把儿子还给了克里斯，从此克里斯不仅要面对失业的困境，还要独立抚养儿子，克里斯从此遭遇了一连串重大打击。

没过多久，克里斯因长期欠交房租被房东赶出家门，带着儿子流落街头。在接下来的两三年中，这对苦命父子的住所从纸皮箱搬到公共卫生间。克里斯坚强面对困境，时刻打散工赚钱，同时也努力培养孩子乐观面对困境的精神，父子俩日子虽苦，但还是能快乐生活。

一次，克里斯在停车场遇见一个开高级跑车的男人，克里斯问他做什么工作才能过上这样的生活，那男人告诉他自己是做股票经纪人的，克里斯从此就决定自己要做一个出色的股票经纪人，和儿子过上好日子。完全没有股票知识的克里斯靠着毅力在华尔街一家股票公司当上学徒，头脑灵活的他很快就掌握了股票市场的知识，随后开办了自己的股票经纪公司，最后成为百万富翁。

也许，别人的失去你没有概念，但别人面对失去的态度却值得深思。

现在有个词语叫"倒垃圾"，很多人都是这样，对自己的生活状态总是不满意，常常把别人当成是倾诉的对象。

我也有这样一位邻居，董姑娘，从小衣食无忧的她，对失去全无概念，当需要自己一个人生活，才意识到生活不单单只是努力，还有心态。

她一副忧心忡忡的样子找到我：

"为什么我这么努力，还是失去这份工作？"

我回答她说，那肯定是有不合适的地方吧，再找吧，也许有更适合你的。她认可了我的回答。

过去了很长一段时间，我来到她家，看到了什么叫颓废。家里散落着各种垃圾，她也无心收拾，她穿着一件睡衣，慵懒到极致。

"不至于这样吧，一个工作而已，重新找呗！"

"我也不想这样啊,但始终打不起精神啊!"

我知道,我说的道理她很难听进去,我选择了工作之余陪她逛街、吃饭。几周之后,她告诉我:

"其实道理我都懂,只是不单单是失去工作这么简单,我心中过不去的,是别人对自己的否定,毕竟我那么努力。"

"别人的看法那么重要吗?你自己看好你自己就行,不必理会别人的看法。再者说,别人的看法也不一定是准确的,做好自己已足够。"

随后,她打起了精神。

是的,失去需要理由,一个安慰自己的理由。同样一个机会,别人得到了,更多人总是肯定自己是优秀的,然后找一个先天的优势给对手,酸溜溜地安慰自己:人家家境好、人家长得帅……

我不赞成这种想法,但我赞成这种心态,只要自己努力,失去就失去,找个理由安慰自己就好。

这个不行,换下家,人生亦是如此。

这种洒脱,值得去学习。其实,人生终将有太多的失去是你掌控不了的,这不是你一个人的生活,一个人的努力在生活中起不到决定性的作用。

如果你认可这种说法,就不会太纠结。

突然想到一位朋友对我说过的话。

不要因失去而痛苦,很快,你将会得到。

努力就好,不把得到当成必然

财富、地位、爱情让我们孜孜不倦,绞尽脑汁,费尽心机。

我知道,在得到那一刻,告慰了所有的努力,满满的自信,以及怒怼了曾经不看好自己的人……这一刻,实在太舒服了。

我要说的是,努力就好,得到只是偶然。

现实中不乏"强行者",以为可以凭借自己的意志去达到目标,然而生活中却事与愿违——眼看到手的天鹅肉飞了,盼望努力了半天,最后一场空。这个时候人们往往只能用"没这个命"来自我开解。不信命者,继续执拗努力,结局似乎又重复前次结果。

生活中,除了眼前的努力与不努力的表层世界,决定事物最终走向的似乎还有你我尚未看清的另一层因果,你看懂了吗?

成功是一件很偶然的事情。

也许,世界上大多数的"不畏将来"都是逼出来的,我赞同。没有依靠,让一个人不得不学会独自面对,我亦如此。

下面我要说说一个朋友的过往。

2000年,他怀揣着一张车票和仅有的103块钱来到了山东威海。这次出行,他带着全家所有现金和希望。

"我要感谢父母,因为他们始终相信儿子会带来奇迹,正是他们的坚信,换来了我的义无反顾。但这种感觉,也只持续了半个小时左右。理想很丰满,现实很骨感,我是知道的,满腔热血半小时后,很快凉了下来。"他说。

前路很迷茫也很曲折,但不闯又能怎样?

"独自踏上前路未知的远途,我心中是惴惴不安的。我不知道明天在何方,会不会被苦难压倒,灰溜溜地折回来?说到这儿,我想说,太多的励志文章中都充斥着梦想、燃烧、信仰等论调,坦白说,我当时想的没有那么伟大,只是想:挣大钱,回家!但理想不能当饭吃,此刻,我更关注生存问题,梦想,在迷茫中起航。"

不畏将来,是向上过程中最理想的状态,可这种状态并非与生俱来。磨难是财,苦尽甘来,需要经历太多,我们才能悟出其中道理。

"火车到站,结束了我的胡思乱想,山东威海,一个人生地不熟的地方。在这将近一年的时间里,我经历的苦难不必详述,因为,当时感觉无数'大山'般的困难,现在看来渺小到想笑。就这样,我在失落、惊喜、再失落……的怪圈中徘徊了300多天……"

我知道,一个人对逆境的承载力决定着成功率,我不想说过多"鸡汤",只想说,磨难锻造出成功者的品质,然后才有成功。

在山东威海待了一年，他还是决定去深圳，换个地方，承载梦想。2001年，他前往深圳，并非小城市难以承载梦想，而是他更喜欢大城市的"人生进化速度"。

在这里，我想要对那些自认为在大城市漂泊不定的灵魂说：不管这里给了你多少苦难，至少会给你相对正的三观。

"公务员的工作才是最棒的！"

"只有朝9晚5的上班才算工作。"

这些想法在小地方类似真理，而在这个大城市是那么愚昧无知。大城市的竞争决定了能力至上，只要你肯做，总有一席之地留给你。这是有能力就能生存的城市，更是肯付出就不被淘汰的时代。

机会来得很快，他有幸跟台湾的林伟贤老师开始学习演讲，并从事教育培训行业，为国际以及国家顶级培训大师做代理工作。据他说很喜欢这份工作，也喜欢寻找新的观念与价值观，预料之内，勤奋让他在这个行业站稳了脚跟。

在教育行业的勤奋，给他带来了人生的第一桶金，2004年赚到了100万，这个数字足以让他可以骄傲地回到家乡享福，也能对得起父母的期望。

"本可安稳，奈何我喜欢折腾。"

100万，这个在当时令他感到骄傲的数字，并没有让他故步自封，他反而更加渴望人生能够再上一层，去领略别样的风景，这种状态虽然很理想，但现实却教育了他……

"100万，让我有了底气，我要向着自己的梦想，大步奔跑。先是从事餐饮行业。在我印象中，餐饮行业属于典型的'勤奋'产业，只要勤，基本不会有太大差错。然而，事实很残酷：在刚起步时，摊子小，很容易掌控，而在扩张的过程中，光是勤奋已远远不够！摊子扩展过快，我没有相关行业的经验，也没有相关人士的引导，很快，不能整体掌控局面让我吃了亏，时间不长，全盘崩溃……现在想起来，我佩服当时的勇气。

"不过，我性格中有太多的不服输，何况，我在此次失败中获得的经验，让我信心倍增，但现实再一次教育了我！

"随后，投资服装行业也是如此，不熟悉其中细节让我再次失败。想来，那时候《细节决定成败》这本书还没有上市，我却从现实中体会到细节的重要性……"

"找不到终点，回到原点"，这句歌词，我认为充满哲理。如果看不到未来，就重新开始吧！

他重新回到教育培训行业，开始讲台生涯，并致力于营销领域的研究，直到今天，整整3000多场的演讲，在此期间，无论天南海北、山高路远，他都未曾间断！他为讲台疯狂付出，讲台也成就了他。

"当我无数次感受到听众那热情的掌声、努力的呐喊、感动的热泪，一切努力都是值得的。我的价值观与观念，正在改变着无数人，说句很不谦虚的话，这几十分钟的课程，将是他们的人生财富……"

这位朋友说得热血沸腾，我也深受感染。

得到，生命中的偶然；付出，却是必然的。

如果你不负重，就得有人替你

每段人生都在负重前行，如果你害怕压力，请不要奢望过多的果实，浑浑噩噩的日子是你唯一的结局。

A要参加面试了，这已经是她毕业四年以来的第N场考试。

临考前，她给我发来短信："姐，今天模拟了面试。我明显感觉自己很不自信，张力不够。我努力地在思考，我如何表现自己的优点，可我觉得我找不出自己的优点。如果这一次结局依然一样，我怎么给家人交代？"

优点？毫无疑问她是有的。她是一个25岁的清纯的女孩，扎着一个活泼的马尾，笑起来的时候世界都随之而亮。而且，她写得一手好字，讲得一口标准的普通话。这些都是成为一名小学老师非常重要的条件。

然而，她忽视了，忽视了这些显而易见的优点。

她记得的，是这些年考试带给她的挫败感。

这种挫败感，我也有过。

毕业那年，我参加了C城各区各地的招考不下10次，

不是败在笔试,就是挂在面试。望着身边一同考试的朋友都有了自己的归宿,我心中涌起的想法足以把自己淹死:

是不是我真的不行?其他人会怎么看我?是不是该换一条路走走?我到底适合什么?

……

和家里及朋友通电话或见面的时候,我总是不敢正视他们的关心。当他们那种期待的目光落在我的身上,然后以失望结束的那一刻,我仿佛掉入了自己挖掘的一个深渊。

然而,能怎么样?

除了爬起来解决面临的困顿,谁也不能为你开辟属于你的道路。

"不给自己留退路",我在意识中反复提醒自己。

于是,我把自己关在家里,将经历过的每一场考试进行了细致的分析,运用SWORT分析法对自己进行了一个客观的解读。我制定了日常学习表,将每一个懒惰的或阻碍自己的习惯或劣势一日复一日地克服。有多少晨起的努力,就有多少深夜的奋战。

第二年,我如愿以偿地到达了我想到的地方。

在新的工作岗位上,我比任何人都更珍惜,比任何人都更投入。时间长了,我居然成为年轻人中的骨干力量,并能给他们进行相关培训。在提起我的名字时,几乎所有人都会以这种方式评价,"她太适合干这个了"。

在那充满挫败感的曾经,我不会想过有这样的现在。

但是现在的我，感谢没有放弃过的曾经。如果我沉溺在失败中，如果我不堪屡败的压力，如果我彻底否定了我自己，就不会有一道属于我的光。

读到女孩的短信，这些往事一瞬间涌上心头。有着同样的过往，所以我理解她的心理状态。一种是自我否定，一种是来自他人的眼光，让她裹足不前。我向她讲述了我的经历，同我的经历一起的还有她的故事：

赵丽颖，无疑是这个时代热度最高的明星之一，从红遍大江南北的《花千骨》，到热播的《楚乔传》，她用自己的实力征服了观众。然而，赵丽颖出生于河北廊坊的一个贫困村，刚进入娱乐圈的她经常因为出身而被黑。与她同龄的演员相比，非科班出身的她被挖掘出诸多的"黑历史"。

她也在采访中坦言，以前会怕这个、怕那个，也会怀疑自己。最开始也会有迷茫，尤其是自己的努力没有得到肯定的时候。但她坚持选择用后天超出一般人的努力让黑她的人闭嘴，成为荧屏女王。

如果她否定自己，如果在意他人的眼光，如果她承受不住"被拒之门外"，那后来，谁能想到她小小的身体里储存着大大的能量呢？谁能想到她能在一片质疑声中找到属于她的一席之地呢？

不是你不适合，也非能力不行，不过是在某些时刻，你的状态或者你的运气，也许是环境让你与你想要的产生远离。生活会让你承受一些心理上的磨炼，所以，你能做的就是低下头,修炼自己。等待着有一天放下一切束缚,为目标搏一次。

《孟子》说:"天将降大任于斯人也,必先苦其心志,劳其筋骨,饿其体肤,空乏其身,行拂乱其所为也,所以动心忍性,增益其所不能。"

相信未来的你,会感谢曾经坚持的自己;更相信在心灵的磨炼中,你会真正找到自己的位置!

你不是天才,请不要尝试单打独斗

"早。"

一个字概括了早上办公室的所有节奏,所有人都面带微笑。我知道,这是一种礼貌,我更知道,这再也不是一个单打独斗的社会。

"团队"两个字,带着实力与骄傲,没有完美的个人,只有完美的团队,做培训的朋友一直在强调这句话。有一天,我问他,一个人单打独斗能否在这个社会立足并过得很好?

他说:能,除非你是天才,即使是天才,缺失了团队,也无法充分展现全部实力。

我是一个喜欢在工作上单打独斗的人,总认为一个人能有更多独立思考的空间，或者可以说我信任自己的想法胜过信任他人，如今依然在一线苦战。

而我有一位同事，正好跟我相反。她是一个比我大两岁的姑娘，如今已是我们单位的部门主任，也是单位最年轻的主任之一。

在工作上，她留给我最深的印象是——善于合理运用资源，这个资源包括人力资源。

有一次，单位给我俩布置了一个较重大的活动。我的想法是依据方案将每一个环节慢慢落实，而她立马在不同的环节写起了同事的名字。

"这个活动，我们俩推进不仅时间长，而且并不是我们的长处。我们可以寻求帮助，这些同事每一个人都有擅长的领域，合适的人用在合适的岗位上，才能发挥人才最大的力量，也才能达到这个活动最好的效果。"她头头是道地分析起她的意图。

"可是，你不觉得如果我们自己落实的话，我们可以在操作的过程中学到很多东西吗？"我似乎仍坚持着我的想法。

"合作是学东西最快的途径之一。专业人士做的过程就是你学习的过程，我们相信躬身实践的力量，更要学会站在巨人的肩膀上前行，一个人摸索的时代已经过去了。"

后来，她的活动无论是在美编、文编还是创意上都有极好的效果。

也是看到了她这样的办事风格，我才慢慢明白她走上那个岗位的原因。

一个领导者一定是具有合作意识并具备合作能力的人。

事实上，生活中从来不缺像我这样埋头苦干的人，我们相信用时间能雕琢出精彩的作品。但我们没体会到外面世界的精彩，也低估了他人的能力，拒绝了思想丰富的可能性。

和摄影师合作，你会体验到拍照的艺术；和画家合作，你会从画中发现一个美好的世界；和记者合作，你会听到不同的人生故事。

和随和的人合作，你会如沐春风；和气场足的人合作，你会获得鼓舞；和欢快的人合作，你会拥有更多的快乐。

和感性的人合作，你会有细小的感动；和理性的人合作，你会有清晰的思路。

……

不同的人就是另一个世界。和不同的人同行，就是多种人生经历的综合。

在这样的合作中，如果能有幸有一个绝佳的合作者，确实能闯出一片天下。

歌坛天王周杰伦和他的作词人方文山便是这样。最初，站在舞台闪光灯下的那个人似乎总是周杰伦，后来随着他的歌红遍大江南北，人们从他的歌中听到了词作者的魅力。如今，人们将方文山视作周杰伦的"御用词人"，将周杰伦视作方文山的"金牌打手"，他们一起在华语乐坛创造出一个又一个高峰。

近段时间，周杰伦自行创作的《不爱就拉倒》歌词遭到了一票大众的吐槽，歌迷纷纷呼唤方文山来拯救歌曲的内涵。而周杰伦回应："听歌不用太认真，爽就好。有教育意义的教科书我都写过了，为何不能来首轻松的歌呢？"如果不是他和方文山的合作积淀了高质量的作品，奠定了他的歌坛地位，他怎有这样的机会任性呢？同样，若不是周杰伦的歌走向了大众的视野，"方文山"这三个字怎么会从幕后走到台前？

这样的合作成就了彼此的事业，成就了彼此人生的高峰。

当然，合作是双方面甚至是多方面的事。我们有了和他人合作的意识，并不代表着他人会选择我们成为他们的合作伙伴。只有你的条件具备，才能吸引优秀的人同你合作，才会有底气向更优秀的人表达你的合作意愿，这就需要我们让自身更有价值。

而在合作的过程中，也必须得到对方的尊重。这样合作者才会承认他们正在做的工作是很有价值的，是值得花时间和精力去做的，也才会让他们更毫无保留地坦诚相交。"十年之约""终身之约"这样美丽的承诺往往产生在正直、负责任、积极向上的合作关系中。

我们的一生会遇见无数的人，每个人都有他不可言说的特质。正如牵牛花点缀了枯树，借助枯树，她将花开向天空；阳光照亮了云雾，自己便绽放成了绚丽的彩虹；我们也能在敞开心扉与他人并肩合作的路上找到我们的美丽。

敞开心扉共同合作一把，会有奇迹。

如果不勇敢，还能怎样？

早上，想起了小时候的一件事。

我的老家三面环水，很多小伙伴都学会了游泳，而我对水有点害怕，所以这项"功课"迟迟没学会。我的父亲夏天常陪着我到河边玩，一次偶尔的失足，我掉进了水中，本能地，我却学会了游泳。这种意外收获让我在以后的日子里学会了敢于尝试。

我知道，不顾一切，会带来惊喜。

每个人的成长过程中都面临着诸多的选择，我们无法预知选择之后的下一个旅程会是怎样的景象，也许选择不同，人生之路也会不一样。所以在选择的路上，我们难免会彷徨，会害怕，会不知所措。

可是，当你勇敢做出决定之后，你是否想过你就已经是在改变你的人生呢？

我有一个朋友的表妹大学读的是师范专业。大三那年，他们班级的同学大多准备找实习的地方。表妹比较迷茫,她一方面想考研提升一下自己的专业水平,但是另一方面她又听到了很多不同的声音。

"我们大学毕业之后是去教小学的,读完研出来还不是去教小学,有什么区别吗?"

"教小学还不简单?根本用不到那么多知识。"

"工作经历比读书经历更重要吧,读三年研,还不如积累三年实战经验。"

……

表妹来征求朋友的建议,朋友只是让她把读研的理由写下来,并让她分析那些不同的声音中有哪些是能说服她不读研。表妹告诉我的朋友,那些都不能从根本上动摇她的想法。所以,她决心听从内心的声音,为自己的人生之路搏一次。

在其他同学都为实习的事情奔忙的时候,她整天整晚到图书馆温书;在同学一个又一个传来考取编制的好消息的时候,她依然不断地为自己储存能量。读研期间,看着同学们都在群里晒着学生的照片,被尊称为"××老师"的时候,她仍在静心读书。

其实在考上研之后,她也面临过专业选择的争议。她想选择的是古代文学,但这个专业相较而言更难以有所谓的"前途"。在她与家庭据理力争之后,她选上了她心仪的专业。

下定决心的那一刻,她就在内心坚定了自己的信念:不听从外界的声音,不动摇,只为自己搏一次。她要成为的是一个有底蕴的老师。

2016年，表妹正式走上了小学教师岗位。由于研究生读的是古代文学，所以她在班上推广了国学教学。这个教学得到了家长的一致好评，于是学校把她推选为国学小组组长，作为学校国学教学的领头人。如今的她非常享受教学工作，更享受和孩子们一起传播传统文化的成就感。

而她之前的一些大学同学，虽然工作经验更丰富，但是许多已经过上了朝9晚5的上班模式的生活，过一天是一天。相较于这样的生活，表妹说："我很感谢自己当年勇敢地做出了考研的决定，感谢自己这么多年来勇敢地坚持着，才会让我现在找到自己真正擅长以及热爱的东西。"

是啊，勇敢地做出决定，勇敢地坚持决定，勇敢地屏蔽他人的声音，这不是每一个人都能做到的，但是人生需要这样的勇敢。有了这样的勇敢，你才能与众不同。

表妹勇敢地坚持考研，勇敢地选择专业，勇敢坚持着自己的方向。而你呢？

在他人否定你的梦想的时候，你是否勇敢地追寻了前进的方向？

在他人给你施加压力的时候，你是否勇敢地坚守了自己的原则？

在遇到人生艰难抉择的时候，你是否听从了内心的声音？

世界乒乓球冠军邓亚萍曾因身材矮小、手腿粗短而被拒于国家队的大门之外。但她勇敢地对抗着这个世界的声音，跟随着自己的父亲学习乒乓球。她的执着使得她10岁的时候便在全国少年乒乓球比赛中获得团体和单打两项冠军。进入国家队之后，她依然保持着超体能、高强度的训练，成为世界级球风和球艺出色的选手。

　　这一颗勇敢逐梦的心，让邓亚萍载入了乒乓球的史册。可如果被拒于国家队的那一刻，她失去信心了呢？在清楚地意识到自己并不具备乒乓球选手的最佳条件的时候，她自我放弃了呢？后来的故事还会发生吗？这一切，始于她做出坚持下去的那一个决定的勇气。

　　在我们的生活中，有这样的人：他想成为画家，但他担心没有天赋；他想成为运动员，但在流血流汗之后，他又认为这种苦他吃不了；他有喜欢的人，但他害怕自己不是对方喜欢的类型……想成为画家就向着艺术靠近，想成为运动员就该有一颗吃苦的心，想和自己喜欢的人在一起就努力成为她眼中最好的样子。

　　人生不是怕出来的，不是等出来的，是勇敢地追逐出来的。所以，想让你人生的下一个阶段与这一个阶段有什么不同，就为自己勇敢起来吧！

做个高效能的人

看到一个搞笑小短片，讲述了在建筑工地搬砖的主人公，别人每次搬 10 块砖，他却只能搬动 5 块，工头把他叫到一边。

"你能不能干了？"

"这不正干着吗？"

"你看看别人，再看看你……"工头一脸的嫌弃。主人公有点茫然。

这是个讲效率的时代，不管你有没有准备好，别人怎么干，你只能比他好。我们想要心疼自己，而世界却没有给机会。

工作中，我们经常会遇到这样一个问题：同一项任务分配到不同人的手中，结果有的人完成得又快又好，而有的人完成速度慢并且效果不尽如人意。这就涉及一个非常重要的概念——行动力。

有一个令人玩味的故事：讲的是两个同龄的年轻人同时受雇于一家店铺，并且拿同样的工资。不久，叫阿诺德的小伙子薪水大增，而那个叫布鲁诺的却仍在原地踏步。布鲁诺很不满意老板的不公正待遇。终于，有一天他发脾气了。老板一边听着他的牢骚，一边盘算着怎样向他解释。忽然，老板想出了一个办法。

"布鲁诺先生，你到集市上去一下，看看今天有什么卖的。"

布鲁诺从集市回来后汇报说："只有一个农民拉着一车土豆在卖。"

"有多少？"老板问。

布鲁诺赶快又去了，然后回来告诉老板是40袋。

"价格是多少？"老板又问。

布鲁诺第三次到集市问价格。

"好吧，"老板说，"现在你坐在这儿，看看别人是怎么做的。"

老板让人叫来了阿诺德，也叫他去看集市上有什么卖的。阿诺德很快就从集市上回来了，汇报说，到现在为止只有一个农民在卖土豆，一共40袋，价格是多少多少，土豆质量不错，他带了一个回来让老板看。

他还说，1个小时后，这个农民还会拉几箱西红柿来卖，据他看价格非常公道。昨天，他们铺子里的西红柿卖得很快，库存已经不多。他想，这样的西红柿，老板肯定会进一些的，所以他也带回了一个样品，而且把那个农民也带来了，他现在正在外面，等着回话呢。

此时，老板转过头来对布鲁诺说："现在你肯定知道阿诺德的薪水比你高的原因了吧？"

在这个故事中，布鲁诺跑了三趟集市才有的调查结果，阿诺德跑一趟就全部了解清楚并且能提供可行性的建议。从这个我们可以反推平常工作中，两者的工作状态。时间久了，直接导致了布鲁诺工资原地踏步而阿诺德工资大涨。

细推两者的工作方法，布鲁诺的做法只是按照老板的话机械地操作，而阿诺德却能主动思考，往前想几步，往后想几步，这就是行动力的不同。

他们的工作方式或多或少有我们的影子。你是故事中的阿诺德还是布鲁诺呢？

你是否留意过你身边那些高效行动力的人？他们在行动之前往往会了解将执行的任务的整体计划并且制定自己的行动规则；在行动过程中，他们会量化自己的任务，越清晰、越可量化，越好操作。整个行动中，他们抓住整个任务的核心工作点。即使在行动中遇到不可控的因素，他们也将预案了然于胸。

所以，同样的时间，他们能获取大量的信息，能够将任务的大局掌握在他们手中。换句话说，他们掌握了工作的主动权，从而更有发言权。

其实不光是工作方法中体现出来的行动力，在生活中也是如此。有些人想去认真学习某项课程，却总是被各种事情耽搁；有些人计划了很久的旅行，却总是抱怨没有时间；

有些人羡慕别人拥有的好身材，却老把健身排在所有事项之后……

难道别的事情比你学习某项课程重要？难道你忙到连几天旅游的时间都没有？难道健身会影响你其他方面的发展？那是你在想到和得到之间还少了一个做到。如果此刻你让自己立刻行动起来，你会发现你所谓的时间和重要事情都不是问题。相反，你可以把你的爱好和你必须做的事情兼顾起来。所以，你需要一点强迫力来推动自己的行动力。

也许你现在心中还有许多的想法，唯一有效的方式就是选择一个然后将精力完全集中于此，运用你的智慧和能力将这件事情以最高效的形式呈现，开始采取行动去真正将目标变成现实，你会发现高效行动的人生会有意想不到的精彩。

想得很多，做得很少，我曾经在这个怪圈中徘徊了很长时间，每天早上醒来的时候，空虚。每天睡觉的时候，不知所谓。

高效，需要我们努力，带给我们充实。

没有上进心，是会少点什么

无意中看到征婚网站上对另一半的要求，"有上进心"这条很显眼，想了想，这个到底是哪种特质呢？

查了相关资料，突然发现，这并不是一种状态，而是一种心态，翻译一下应该是：不满足现状，生命不停，折腾不止。

我的身边有很多"不断折腾的人"，很多时候，我很好奇地问他们：为了什么？

"不知道，总感觉不这样的话，少点什么。"

2018年4月4日，来自杭州的外卖小哥雷海为成为"网红"。

这个来自湖南邵阳洞口县的37岁中年人在《中国诗词大会》第三季总决赛的现场凭借自己扎实的诗歌功底和稳健的心态战胜了北大硕士彭敏而获得总冠军。一夜之间，网络都是关于他的故事。

20岁，他从老家外出务工，先后到过深圳、上海、杭州等地，做过洗车工、服务员、推销员等工作。如今做外卖工作并非是他的理想状态，打算过两年回老家去创业。一直以来，尽管工作的环境不好，工作时间长，收入不高，但是雷海为有一个自己的精神世界——与诗歌同行。

这些年来，无论地点和工作怎么变，《唐诗三百首》这本书一直陪在他的身边。工资不高，他就到书店看书、读诗；时间不多，他就边吃饭边背诗。在他的采访中，我听到这样一个细节："和7个同事合租，他们一般回来就是打手游，或者看视频。平时大家各玩各的，很少管别人的事情。"而他在用休息和娱乐的时间"玩"诗歌。对他而言，并没有因为自己是打工仔的身份，而丧失对诗歌的热爱，诗歌反而是他一种精神上的寄托，是一种快乐的来源。

央视主持人董卿这样评价雷海为："你在读书上花的任何时间，都会在某一个时刻给你回报，我觉得你所有在日晒雨淋、在风吹雨打当中的奔波和辛苦，你所有偷偷地躲在书店里背下的诗句，在这一刻都绽放出了格外夺目的光彩。"

这一份光彩，是源于雷海为那颗不屈的心。

物质的世界不是我们能决定的，有人天生就是富豪，有人穷其一生也只能解决基本的生活需求，但是精神世界的起点是相同的——每个人都有追求理想生活的权利。雷海为是千千万万外卖小哥中不起眼的一个，但是有了这一份向上的追求，他成为千千万万外卖小哥中最独特的一个。若是安于工作的现状，日复一日地"敲钟"，他人生中也不会有这么精彩的一页。

我想，在所有人为他鼓掌的那一刻，雷海为的心中也在某一刻感谢着那个或许苦过、挣扎过，但依然追求着精神世界，不甘于现实的自己！

其实，雷海为的生活是我们多数人的真实写照。

虽然我们的工作不同，生活不同，也许你比他更轻松，更惬意，更有前景，但是我们多数人一样有着一份自己的工作或事业，都在平凡的岗位上坚持着。你会发现，在工作中有人上班的目的就是等着下班，有人想在重复的模式中找出一条新路子。

换一种表达方式，一类人追求"舒服"，一类人喜欢"折腾"。等着下班的，依然过着相同的日子；折腾自己的人跳出了圈子走到了新的领域，开启了人生新的一页。我相信后者会有无数个挣扎的夜晚，有别人看不见的辛酸，可是当他站在新的起跑线上，他拥有的风景也是前者所不能欣赏的。

我身边的J就是这样折腾自己的女子。原本是体制内的她过着朝9晚5的惬意日子，在办公室随大溜闲谈一下八卦，下班了一起喝个茶，一天就这样愉快地结束了。但是日子长了，她意识到这样的日子抹杀了她人生的意义。最初的她可不是一个重复单调日子的女孩，她有活力，有追求，有自己规划的未来。

于是，她决心从队伍中脱离出来，找到真正的自己。她跳出了固有的工作模式，找到一份更有挑战性的工作。在那之后，我经常在她的朋友圈看到她以健身和听音乐会的形式来缓解她的压力，她过得忙碌而辛苦。

我问她相比于之前的生活，这样吃苦值不值得。她很淡然："我喜欢这样的生活，让我自己更有价值。我只是不甘于一成不变的人生，什么都想经历。"

那一刻，我从心底钦佩着她，她的身上是青春的活力。

也许，比起"这是一沟绝望的死水，清风吹不起半点涟漪"的沉寂，我想"问渠那得清如许，为有源头活水来"的灵动更能吸引有追求的人。我们是自己那一个领域中千万人中普通的一个，可是能否成为独特的那一个，取决于我们的内心让我们朝着怎样的方向走。

雷海为的方向就是他在现实生活中想要拥有一个诗和远方，诗词大会一战成名之后，他并没有停止学习，他的古典诗词储备量从比赛时的800首增长为1083首。他说，他的下一个目标是看遍名山大川和去自己没有去过的地方。我相信他会把自己的人生故事精彩地写下去。

而我的朋友她想追求的是一个经历丰富的人生，就注定了她不会停止追求的步伐，也注定了她会拥有他人所不能拥有的精彩，这是他们的选择，也是他们人生的厚度。

一个人一旦有了对"诗和远方"的渴望，他这一生都在绽放着光彩。这个"诗和远方"在不同的人的角度有不同的解读，如果你想让自己的生活变得充实而有意义，也请让自己守护住那颗在日复一日的日子中不屈向上的心吧，因为它会带你走向属于你的绚丽人生。

也许，不断折腾，才是人生真谛。

让梦想野蛮生长的力量

野心，在这个世界太常见了。

不想当将军的士兵不是好士兵，不想当老板的员工不是好员工。好像有点追求才有点人味，事实的确如此。

我经常去一家饭店吃饭，老板跟我很熟，有一天他认真地问我："你是做营销的，你看我这个店面怎样能开成连锁店？"

我望着将近60岁的他，有点佩服。

"您都这么大岁数了，还要受那个累干吗？"

突然感觉人生过得太平淡了，我这一生也到后半段了，总感觉白活了，我想了想，还是把自己知道的告诉了他，夸张的是，他竟然拿出一个笔记本记录下来，老板娘在旁边一脸的鄙夷……

如果你感觉人生无聊了，八成是你有了更上一层的理想，当这个念头一旦产生，便会时不时来骚扰你，这是一种正能量，也是一种野心。

说一个很老套的故事。

"王侯将相，宁有种乎？"

2000多年前，起义军首领陈胜一声呐喊，900人揭竿而起，势如破竹。中国历史上第一次大规模的农民起义战争就这样爆发了。星火能燎原，秦王朝陷入了人民战争的汪洋大海中，起义进行之后，陈胜自立为王，建立张楚政权，这也成为中国历史上第一个由农民建立起来的政权。

一个穷苦的雇工，最终使一个王朝天翻地覆，这绝非偶然。

陈胜年少时，曾同别人一起被雇用耕地。在田畔休息时，陈胜曾怅然对朋友言道："苟富贵，勿相忘。"雇工们皆笑而答之："你是个被雇用耕地的人啊，哪来的富贵呢？"而长叹一声的陈胜留下了千古之句："燕雀安知鸿鹄之志哉！"

无论是"燕雀安知鸿鹄之志哉"，还是"王侯将相，宁有种乎"，陈胜在骨子里就是一个不安于现状、不甘于命运的人，这也是他能成为起义领袖的根本原因。

没有这野心，他已淹没在历史的滚滚长河中。起义虽然失败了，但已然注定了他一生的不平凡，他在历史留下了浓墨重彩的一笔。

像他这样有野心的人物，古今中外皆有之。

最典型的当数法国赫赫有名的军事家拿破仑，从一位小军官到征服欧洲的强者，他征战的路程、征服的土地、推行的革命，开启了一个拿破仑时代。他的那句"不想当将军的士兵，就不是好士兵"激励了多少士兵无畏向前。

在面对他人的评价时，拿破仑曾坦言："啊，毋庸置疑，人们将会从我身上发现野心，很多的野心。而且是最伟大、最崇高的野心，是史无前例的野心。"法国第一帝国的缔造者，欧洲大地的霸主，《法国民法典》的颁布者，的确是史无前例的野心人物。

黑格尔这样评价他："世界之所以平衡，是因为有上帝的存在，欧洲的天平之所以保持平衡，是因为有拿破仑，拿破仑就是神的存在。"丘吉尔直言："世界没有人比拿破仑更伟大。"

拿破仑的野心让世界为他震撼。

这些伟大的人物，用实际行动告诉后来人——成大事者，要有野心。

在21世纪这个和平的年代，我们可能没有揭竿而起的机会，也不会有征服一方土地的霸气，但我们都有成功的欲望，也有创造财富的需求。无独有偶，叱咤商界的马云也说过："贫穷最大的根源是没有野心。"

马云有野心，他认为他们这些人不努力，就没办法给20世纪70年代、80年代出生的人留下更多的经验，就没有办法超越50年代出生的前辈；他希望50年代的人能够记住，只有60年代、70年代的人超越了他们，只有帮助60年代、70年代的人成功了，中国才有希望，企业才有希望。"让天下没有难做的生意"就是阿里巴巴的使命。

野心是成功的必要条件。在这样的心态和使命感下，阿里巴巴走到了世界的舞台。2018年，马云更是在福布斯十大最具影响力的CEO中排名第六。

《福布斯》的封面文章曾这样介绍过马云：凸出的颧骨，扭曲的头发，淘气的露齿而笑，拥有一副五英尺高、一百磅重的顽童模样，这个长相怪异的人有拿破仑一样的身材，同时也有拿破仑一样的伟大志向。

正如幸福的家庭都是相似的，成大事的人都是相似的：身在此地，心在远方。陈胜如此，拿破仑如此，马云亦如此。若是偏安一隅，陈胜动摇不到秦朝的根基；拿破仑踏不进欧洲的其他疆域；马云走不进世界的商业圈。

如果你想干出一番大事业，你是否有超出一般人的野心？同一个环境之中，一个有野心的人和一个胸无大志的人，他们的命运可以截然不同。只有靠着野心，人才能不断突破自己的舒适区，才能有无限的可能，创造出超出常人的成功。

当然，野心是需要眼界来承载的。就像空有想成为将军的心，却没有当将军的能力，那也只能永远是一个士兵，野心就成了不切实际的幻想。所以，拥有了野心之后就是实现野心的行动力，让野心与实力成正比。

只有这样，你的野心才能真正在你想闯荡的那片土地扎根。无论最终我们能成为谁，我们已然站在了更高的起点，和更优秀的人同行，经历了更有趣的事，这样的人生才精彩！

野心，是精彩的开端。

没有企图心，灵魂已消亡

早上7点，早餐摊排起的长龙，交通拥堵带来的浮躁，起床之后那种不适感……人们脸上写满了忍耐。一切混乱又井然。

如果没有企图心，灵魂早已消亡。

这句话有点夸张，但是想了想，也是一种上进的力量。这种力量让人可以忍受拥挤的公共交通工具，客户的刁难，老板的为难……一切的一切。

我想成为我想的那种人，不顾一切。义无反顾，说到底都是一种追求，我幻想了下没有追求的世界，或许人类早已灭亡。虽然这个命题有点大，但不可否认，人类所有的文明都源于此。

一位有点懒惰的朋友问我，怎样能够改变？我问他，你想要什么？他回答不上来，我很少评判别人，大概不知道自己想要什么，才会让自己变得慵懒吧。

大千世界，芸芸众生，每个人都有自己所追求的东西：有的人喜欢追求金钱，有的人喜欢追求事业成就的快乐，有的人喜欢追求生活的安逸，有的人喜欢追求无拘无束的自由……这所谓的做成某件事情或达成既定目标的意愿就是企图心。

这种意愿有多强烈，你的决心就有多坚定，你离你的目标就有多近。

我的好友 X 是史泰龙的铁粉。《洛奇》《敢死队系列》《赤警威龙》等作品他烂熟于心，史泰龙的专访及颁奖典礼他场场必看。关于史泰龙的人生故事，更是如数家常。"史泰龙是一个将成功的欲望展现得淋漓尽致的人"，这是好友的评价。在他的影响下，我也多少关注了史泰龙的一些故事，他的一生可谓是一个传奇。

史泰龙的出身并不显贵，是在美国纽约市的一个贫民区。他出生在一家慈善医院，医生用助产钳助产使他左脸颊部分肌肉瘫痪，左眼睑与左边嘴唇下垂，并口齿不清。15岁的时候父母离婚，史泰龙跟随母亲辗转，十余次转学。高中毕业之后，他成了一名女子体育教练。在业余时间，他出演了名剧《推销员之死》，这个经历让他的人生有了新的目标——他立志成为一名演员。

正是这个想法，让他的人生出现了转折。

他从瑞士回到美国，想进入迈阿密大学学习戏剧。虽然以3分之差未被录取，但他并未自此终止，而是开始自行创作剧本并寻找演出的机会。虽然他不具备演员的条件，长相难以使人有信心，没有专业训练，没有经验，但是他的决心确实强烈。

他开始在百老汇外围剧院找一些临时性的小角色，找一切可能使他成为演员的人。在他的剧本《洛奇》写成后，他对美国几百家电影公司一一拜访，一轮又一轮，被拒绝了1800余次，终于等来了一个机会。这个片子以很低的成本在一个月内拍摄完成，却成为好莱坞电影史上的一匹黑马。

就是这样一步一步地奋斗，他开启了自己的演艺生涯，开创了动作影星的辉煌业绩，成为当代美国电影的一个标志性人物，到达事业的巅峰。

曾经有人在采访史泰龙中提到：史泰龙，我已经听过所有成功的故事，我见过世界上最成功的人士，包括总统，包括元首，包括女王，包括领袖、企业家、诺贝尔和平奖的得主特里莎修女、曼德拉……这些我都访问过，史泰龙，你到底是如何成功的？你可不可以给我一些不一样的成功故事？

因为在那时，世界篮球天王迈克尔·乔丹签下一个2500万美金的合约也会有人质疑值不值，而史泰龙拍电影打拳或秀肌肉高达2000万美金的片酬却没有人怀疑，这让人不禁觉得奇怪。史泰龙告诉采访者，在他下定决心要从事演艺事业之后，他告诉自己——假如我没有找到一份有关演艺事业的工作，我拒绝去做任何一份临时的工作来养活我自己。我拒绝！

这就是他的决心，这就是他成功的欲望，这就是他之所以成功的魄力。没有显赫的出身，没有盛世的美颜，没有全方位的打造，史泰龙以一腔渴望成功的热血，走出了他人生的辉煌。人生本身就是一场不甘于命运的搏斗！

你是否有这种破釜沉舟的欲望呢？

好友 X 或多或少有这样成功的意愿。大学的时候，他就着手创业：在寝室做过日常用品的推销，进行过电脑的维修，在校园内销售手机零件等。虽然身边也会有一些不和谐的声音，也受过不少的白眼和拒绝，但他的目标就是想成为一个创业者，有一份自己的事业，这些经历是他未来创业起步的基石。所以，他选择细心服务，选择提升专业水准，选择培养幽默细胞，这些占据的几乎是他所有的休闲时间。

三年，他坚持着这同样一个初衷——做一名成功的创业者。大学毕业后，仅仅四年的时间，他不仅是一名理财规划师，也是乐享英语公益俱乐部的创始人，还是中国平安综合金融主管。每一次翻阅他的朋友圈，隔着屏幕都能感受到他积极向上的能量，感受到他对于学习的热情，感受到他对于未来的渴望。

在他的所有状态中，我明显能体会到这些是他事业的起点，远不是终点。对于像他这样有上进的企图心的人，成功一直都在远方。他们追求的是永不止步，是更优秀的自己，只有这样的自己才能给他们快乐的体验。也许有一天，他们留给我们的就是一个成功者的背影和一本值得一读再读的人生之书。

对你所追求的东西，你的欲望有多强烈呢？你的决心有多坚定？

这真的是你想要的吗？

没事的时候，我都会想象一下自己 10 年后正在做什么，会不会跟现在有不一样？想得多了，难免有点失落，我不确定，将来的我，是不是如现在所想。

也许有点杞人忧天。

也许，10 年后的一天，我会释然。

每天刷朋友圈，你总是喜欢转发一些名人的事迹，描述着那些人多么厉害多么成功。与朋友聊天时，你也会一脸艳羡地说起那些大明星，那些 CEO，那些高管，然后细细碎碎地描绘着他们头顶的光环，还有那些前呼后拥、镁光灯聚焦的画面。

你身处一线城市，每天西装革履，在高楼大厦的格子间里穿梭游弋，却总是想着什么时候要回归田园，像那如梦似幻的蓬莱山，像是山水如画的凤凰古镇，像是神秘莫测的神农架，还有那些海外仙山无人小岛，统统存在于你深深的脑海当中。

然而，这些真的是你想要的生活方式吗？

你不知道的是，万丈光芒下有着怎样的辛酸和血泪；你所羡慕的，是别人用汗水、经营才获得的；那些农家小屋里有着多少柴米油盐的琐碎烦恼，仙气缭绕的山野丛林处处透着未开发的野性，雕梁画栋的古镇吊脚楼满是商业的雕琢。还有那些重重迷雾笼罩的未知，都蕴含无尽的危险。

外在的体面和骄傲你看见了，那些舒适和自得你看见了，但那些鲜亮背后的光景，你却统统看不见。

生活这杯水，给予每个人的温度都不曾相同。也许他是沸腾热烈的99摄氏度，而你却只有温和寡淡的40摄氏度。那么多看起来好的，却未必一定适合你。我们都来自不同的地方，有着不同的经历，人生百态，各有精彩，每个人的想法不同，生活的方式也不一样。

也许，你在羡慕别人的同时，他也正在羡慕着你。你感慨他拥有良多，能够呼风唤雨受人追捧，他却反而觉得你这样懵懂无知、一无所有却用心生活的样子更好。生活，如人饮水，冷暖自知。你没有过过别人的人生，就难以产生代入感。

那些你所羡慕的人生里，只是包裹了你完全的热爱，和你对这世界致以的敬意和期待，但也只是期待。就像佛教徒崇敬佛祖，基督教徒崇敬耶稣一样，很多世人都崇敬神明。

你想要什么样的生活，首先就得有让自己有与之相匹配的状态。给生活一种信仰，才能更灿烂地活着。你真正想要的，无非是最热忱的、最真实的，全心全意对幸福的追逐罢了。

但你如今的现实生活，是不是和你曾经的梦想一样，还是一直在现实和理想之间较量？以下，是他人对想要的生活的分享，你可以逐条对照一下，有没有自己想要的：

（1）找一个喜欢的工作，这样每天早晨6点到晚上8点都是高兴的。再找个喜欢的人在一起，这样晚上8点到早晨6点就是开心的，这就是我想要的生活。

（2）我和他，两个背包，两张车票，向彼此靠近。一间房子，一张床，相拥而眠。10年时间里，我们也许会在不同的地方开启新的生活，会脱离周围的人群，会告别亲人朋友，会四海为家，为走走停停。但是10年后，大地在，河流在，青山在，绿树在，我在，他在，足矣。

（3）兴趣即天赋所在，即我所学，即我所从事的工作。而这份工作带来的薪水使我能体面地生活。有闲，泡茶，读书，环游世界，冬天飞去南半球。

（4）想出来两种。一种，在大学里混着，和年轻人在一起，自己也会觉得年轻。租房住，泡图书馆，听讲座，吃食堂，看美女。另一种，找个心爱的女人，到乡村隐居。山水虫鱼，男耕女织。做饭发呆，读书写字。

（5）养一只猫一只狗，有一个很爱我我也很爱的老公。有喜欢的工作，每天9点上班5点下班，每天中午都可以跟朋友在公司楼下的餐厅吃饭。下班了有老公来接，周末可以一家三口出去玩，有假期就要出去旅游，爸爸妈妈的身体都很好，我只想要这样平平淡淡的生活。

（6）来这世界一次不容易，我希望尽快财务自由，然后到处走走，到处看看，到处玩玩，到处吃吃，到处学学。去喜马拉雅山顶，去死海里游泳，去尼亚加拉瀑布，去可可西里的荒滩戈壁，去非洲大草原陪狮子一起，去太平洋的不知名小岛上看海鸟。想要看看这世界，究竟是什么样子，和亲爱的一起。

（7）想和他一起工作，有了小积蓄就去旅行。花光了就继续工作，走走停停。如果，他说他不爱我。那我就努力工作，开一家店，等着他。有了闲钱就去旅行，一个人走遍我想和他走的地方。不会因为年龄大就结婚，不会为了经济压力就结婚。

（8）我无数次地想到这个场景，在一个安静的夜晚突然醒来，点上一支烟，站在客厅大大的落地玻璃前，看着外面的霓虹闪烁，车来车往，告诉自己：我坚信我现在所做的事，不为未来担忧，也不为从前后悔。

这，这，这，都是你真正想要的吗？

也许你想说都是,它们都是你想要的幸福,既能朝9晚5,又能浪迹天涯。但你不知道怎么实现,现实离得有点远。

但请相信,这个世界真的有人在过着你想要的生活。社会上有一种人叫做斜杠青年,有着多种身份、多重职业,比如身兼主持人、作家、民谣歌手、民谣掌柜,在平行的世界里,过着多元的生活。

有人的月工资,真的能一下子平均掉十几甚至几十个人的月工资。而也有很多人是在用自己的年工资追赶着别人的月工资。隔行如隔山,隔的可能是座金山银山,隔个朋友圈,隔的也许就是不一样的世界。

世间有很多伟大的故事,人人都想有所作为。但仅有美好的愿望是不够的,你必须知道你真正想要的是什么,同时要清楚没有哪一种想要的生活是可以不劳而获的,所以你需要努力,需要不断地提升自己,在某一天过上文中你所羡慕的那种生活。

不随波逐流，亦不刚愎自用

朋友说我有点执拗，我也认识到这个错误，很长一段时间内，我都在改正，我知道不管效果如何，我正在不停地修正自己。

再见面的时候，朋友再次提到我的执拗。

"这是我第二次听到你说，请允许我改正的时间。"我认真地说。

完美性格从来稀少，多数只能不断改正。

今年春节前，公司派了我们一批员工去香港参会。趁闲暇时间，便和几个女同事一起去中环购物。

整条街都是名店荟萃，各种叫得出名字的国际大牌应有尽有，店里的商品琳琅满目，价格也是高高在上，看得我瞠目结舌，每走一步都心惊胆战。

身边的女同事倒是显得兴奋异常，眼里放着绿光，心情雀跃。我知道，她们都是些天生购物狂，对购物狂而言，衣柜里永远缺一件衣服，鞋柜里永远缺一双漂亮的高跟鞋，橱窗里永远缺一个 nice 的包包，首饰盒里永远缺一条迷人的项链和一对别致的耳环。

不到一个小时的工夫，在奢侈品牌名店，她们都已经扫下了自己心仪的货品，而我只是在一旁呆呆地看着，脚步沉重得像是灌了铅一样。

见我只是木鸡一般在旁边看着，就有女同事问我："你怎么不买点东西？"

我便把肩耸了耸，眉头一皱："价格太贵，都抵我俩月工资了，买不起。"

同事却说："你呀，就应该学着打扮打扮自己。再说了，可以先刷信用卡再慢慢还，买呗。"

其他女同事也开始七嘴八舌地劝我："女人一定要对自己好一点，这人靠衣装，你要有一两件名牌穿上身，气质立马就会不一样。"

"工作这么辛苦，你应该买件好衣服犒劳犒劳自己。"

当时犹豫了好久，虽然不是太想买，但想着如果回去同事们都是周身名牌，而只有自己依旧穿着普通，估计自己都会觉得自己衣衫褴褛面目可憎。那感受，好像如果不拥有一件名牌，就不配做女人似的。

于是，在她们的劝说下，我刷了将近两个月的工资，买了一个经典款的 LV 包包。

当提着这款 LV 包包的时候，我的整颗心突然涌动着一种莫名的情绪，浑身飘飘然。啊，自己也是一个用上名牌的女人了。

之后整整一个月，我逢人便炫耀自己挎着的价格一万多的包包，说它做工如何精细，质地如何精良，品牌如何经典，就像别人没有见过名牌包一样，现在想来活像个暴发户。

但很快，那只包带来的新鲜感就消失了。再加上高仿货满大街都是，随便从淘宝上也都能买得来，压根儿就真假难辨，而且那个包，经典是经典，但款式其实有点老气。从此，我就再没有了背那只包的兴趣，将它收了起来。

我这才发觉，自己并不是想象中那么爱慕虚荣，并不是非用名牌不可，之前背的简单、大方的包用着也挺舒适。拥有一两件名牌也没有什么特别的，日子还是照常过。甚至，我根本就没有必要去买那只包，害得自己节衣缩食地还信用卡。

最关键是，那只 LV 包并不是自己真心喜欢它才买的，只是为了迎合周围的环境，让自己成了一个随波逐流的庸俗之人。买了那只包以后，生活质量也并没有比以前提高，也没有比以前快乐，反而增加了负担。

我想，生活中，为了某种从众心理，而做出一些违背自己意愿的事，是挺糟糕的吧。

盲目从众是一种普遍存在的心理现象，随波逐流是它的行为表现。正确而又积极的从众效应对社会的发展有很大的积极意义，但盲目从众却让人懒于思考、缺乏主见。

王小波说：这世界上，有些事情就是为了让你干了以后后悔而设的，所以你不管干了什么事，都不要后悔。很多时候，在我们回首过往时，可能都会为从前的事而悔不当初，在别人的眼光中失去了自我。

酒逢知己千杯少，话不投机半句多。有的人，你会跟他有相同的志趣，而有的人，却很难说到一块儿去。所以，真的没必要去随波逐流，去委屈自己，失去原本的快乐，抛却自己的初心。

随波逐流是一种毛病，刚愎自用也是种毛病。刚愎自用的人，往往不知天高地厚，虚荣心太强，听不进别人的意见。心太满，就什么东西也装不进去。

所以，做人也不能刚愎自用，性子不能太过执拗，像牛板筋一样顽固不化。如果同事的建议是比较合理的，也是可以采纳的。比如，在香港购物时，买几件价格比较合理、自己能承受的平价衣服，或在免税店买一些实惠好用的化妆品。

不是每件事情自己都要亲自去尝试，有些是不能尝试的，而有些没必要去尝试。要虚心接受别人的意见，并在接受的过程中把心态放平，耐心倾听，不固执褊狭。

无论是工作还是生活中，对人的态度都要谦虚有礼，虚怀若谷，多一些谦卑。别把自己不当回事，但也别把自己太当回事。

我们要学着去体贴和理解别人，尽量减少盲目和固执，善于发现别人见解的独到性，多角度、多方位、多层次地观察和思考问题。不能听到不同的意见就勃然大怒，更不能利用权势将别人的声音强行压下去、顶回去，这是缺乏理智和情商的表现，只会有百害而无一利。

我们也要学着宽容他人，互相尊重，求同存异。既尊重领导，也尊重被自己领导的人，彼此之间平等、民主。做到不小气、不尖刻、不势利、不嫉妒，保持良好的素养。

无论是随波逐流，还是刚愎自用，都是我们日常生活中应当避免的行为。

想不盲从他人，就要谨慎行事，坚持做自己。

想要与众不同，就要学会独立思考，坚守初心。

最直接的方式就是读书，读自己喜欢的书，读适合自己的书。

真正做自己，既不随波逐流，也不刚愎自用，是一种中庸的人生哲学和处世态度。这样的人生，无论开始有多艰辛，但最后都会是快乐的。一生无悔，才是最简单而又极致的追求。

你若盛开，清风爱来不来。愿我们都可以坚守与众不同的初心，过一种平衡的生活。

你美好，所以世界美好

无论天气怎样，你要带上自己的阳光，我很少认真审视这些带着文艺范儿的话，但这句例外，它戳中了我的内心。

很长的一段时间内，我不能认识自身与世界的关系，经历多一些过往之后，我静下心来在纸上写上一句话告诫自己。

你与世界从来不曾对立。

哲学家维特根斯坦说过：真正奇妙的不是世界是怎样，而是世界就是这样。

世界，是通过你的双眼去看，用你的耳朵去听，用你的鼻子去嗅，用你的双手去触摸，用你的心灵去感受的。你的内心装着什么样的色彩，世界就会呈现什么色彩给你。

你的内心阴暗，看到的世界就是阴暗的；而你的内心美好，看到的世界就是美好的。拥有美好的心灵，世间万物都能放射美好；拥有美好的心灵，贫瘠的心田能变成沃土。

鲜花需要绿叶陪衬，才更显娇姿婀娜，正如人们都需要美好的内在心灵点缀，才能散发独特的魅力。白云装饰蓝天而成其湛蓝，小草点缀大地而成其葱茏，小溪衬托大海而成其开阔。正因为有了这些默默无私的陪衬，才格外彰显了被衬托者的美丽。而这所有的衬托都源于无私的美好心灵。

从小，母亲就教我要用一颗真诚的心去对待他人，要做一个善良的人，做个美好的人。她告诉我，有着美好心灵的人，便是心怀美好的人。心怀美好的人，总能看见这个世界的美丽，总能找寻生活的亮点，总能发现人性的美好。

在家风的濡染之下，我也始终学着做一个美好的人。虽然世界有它的种种阴暗面，也曾受骗受挫，也曾悲伤流泪，但却始终不乏美好的人与事物存在。我也相信这个世界是有福报的。

上大学时，每次去食堂吃午饭，都能看到一个面带微笑的微胖大哥，当见到我来打饭菜，总是会多盛一点，或者少收我钱。次数多了，就会觉得不好意思，提出想请他吃个饭，他却总是挥挥手说，不用的，这些都是小事。即便已经离开学校好几年，时至如今，我依然会记得学校食堂窗口那个长相憨厚的厨师大哥。

我是个喜雨爱雨的姑娘，一般如果不是特别大的雨，都会选择不打伞。一天早上下着绵绵细雨，出了地铁离办公楼只有三四百米远，我像往常一样没有打伞。站在路口，等红绿灯的时候，却突然发现头顶多了一把雨伞，转头一看，原来是一个满含笑意的姑娘，将她的雨伞也分了一半给我，帮我挡雨，心里暖意涌起。

不知情的人常常以为是我没有带伞，实际上，我的手提包里每天都装着一把伞，下雨可挡雨，天热可遮阳。眼看马上要过人行道了，她执意要我共撑一把伞，我对那姑娘道了声谢，并说我包里其实带了伞，并把伞拿出来示意，她才了然，随即两人相视一笑，各自上班去。

对于在大城市里的普通上班族而言，很多人都是过着租房的生活，尤其是刚开始工作那几年，我也不例外。现实中冷漠无情、坑害租客的房东不在少数，而我遇见的房东却基本都待人友好，容易相处。三四年前，我从原来与人合租的二居室搬了出来，重新找了附近一个电梯公寓的小套间。

入住前，"90后"房东先将房间都仔细打扫了一遍，签合同时也很认真地把各项情况都交代清楚，每次有什么事情找他也都能得到及时处理。更让我感到暖心的是，一年前合同到要续租的时候，他竟主动减了房租。我问他为什么，他回答是因为觉得我是一个挺好的人，所以乐意给我减房租，如果为人不好是不可能会有这种待遇的。一席话听来，深深地体会到，你若是一个好人，他人也愿意以善相待。

每天早晨到公司前，我都习惯了去办公楼附近不远的一家早餐店买一盒南瓜粥和一个牛肉包，包子的口味可能偶尔会换一下，但南瓜粥基本是雷打不动的固定选择。早餐店老板是一对年过六旬的夫妇，他们的女儿在早餐店隔壁开了一家水果店。店铺卖各种各样的粥和包子，以及卤蛋、豆浆等，生意很好。因为去买的次数多了，老夫妇就记住了我这样一个常客，虽然每次我消费得也不多。

有一次，因为去买早餐的时候比平时稍微晚了一点，当我到达的时候看到南瓜粥好像已经卖完了，正准备开口询问，没想到老妈妈却说："姑娘，你可来了，本来南瓜粥早就快没了，知道你喜欢吃我们这里的南瓜粥，就特意给你留了一碗，其他人问我我都说没有了哩。"接过老妈妈递到手里的南瓜粥，霎时间觉得特别感动。后来每次我晚了点的时候都是如此。当我要出差的时候，也会提前一天告诉老板夫妇出差的那几天不用为我留南瓜粥，这仿佛是我们之间的一种默契，温暖而又美好。

在我的人生中，这样的小例子还有很多很多。经历得多了，也会深刻地明白，当你自己是一个美好的人，也会感受到世界回赠你的美好。

心怀美好的人，总是心怀善念，哪怕是不好的也能通过心灵净化变成美好。

心怀美好的人，会有着异于他人的独特视角，透过负面、阴暗面发现闪光点。

心怀美好的人，他们的精神世界里会绽放出各种正能量的美丽花朵。

做一个心怀美好的人，既是对世界的感恩，也是对自己的爱护，同样也会收获他人的友善。你的为人、你的品质，会让你值得拥有这个世界一切美好的东西。

做一个心怀美好的人，会活得越来越像自己，所有的苦，吃到最后都是甜的。我们也会在生命历程中遇见和我们一样美好的人，能够感知我们的心意，理解我们的选择，让每一滴温暖，都惊艳岁月。

心怀美好的人，就像是一束光，照亮自己的人生，也照亮这个世界。相信，就会有力量。坚持，便会更靠近诗与远方。

你美好，所以世界美好。日夜交替，阳光会照进心里，在未来的日子里，人和人相聚别离，心与心互相靠近，有朵美好的花正在开放，眼睛里有星星闪烁，幸运的故事，在有生之年，会如期而至。

最大的聪明是靠谱

QQ上有这样一个功能我很喜欢,就是标签功能,很多人都能互相打标签,用关键词来标榜自己。

其实,时间长了,你熟悉的人都会给你打上标签:能说会道的、八面玲珑的、豁达开朗的、兢兢业业的……

今天,我要说的是:最大的聪明是靠谱,值得托付,因为你知道,这个人说到做到。

我们常说,"林子大了什么鸟都有"。同理,世界大了,也是什么人都有。这句话一点都不假。

工作中,我遇到过这样的同事:

公司开会时,领导在安排工作任务时,态度总是无比诚恳,口头上连连说着"好的好的,没有任何问题,都包在我身上,一定保证完成",就差没有赌咒发誓写血书,脸上还带着仪式般的微笑。

但下来后,该同事就开始拖延敷衍,这也不太会那也不太会,把任务都推给其他人来完成。工作出了错,就装作一副事不关己的样子，随口把责任推给别人，让别人来给他背锅。只要能想到的人，都可能成为他的背锅侠。而如果别人把任务完成得很好，受到领导表扬，他又会使劲抢功，欺负老实人。

如此表现，只能被同事们一致打上"不靠谱"的标签。最开始大家还能容忍，时间久了，没有人会喜欢与这样的人共事。因为，一旦你是个大家认为"不靠谱"的人，就会丧失他人的信任，也会失去继续合作的机会，让大家避而远之。

职场上，要说对一个人最差的评价，莫过于"这个人真不靠谱"。

以前公司的人事经理曾经老是向大家感叹，现在有不少"90后"不靠谱。面试关过了，给对方发了offer，敲定好入职日期，但却常常遇到被拖延甚至反悔的情况。给出的理由也很让人难以理喻，比如有个1993年的妹子，本来该入职的当天没有看到人影，人事经理让HR打电话询问情况，结果对方却轻描淡写地说："哎呀，我看今天下雨，就不想出门了，等明后天不下雨了再来报到。"结果只能让HR没好气，直说对方不靠谱，要是不能按时报到，可以提前打电话说一声，却用如此态度对待事情。

"要去陪好友逛街""天气太热""今天突然想睡懒觉不工作"，等等，都可以成为不遵守入职规定的理由。这都还不算啥，人事经理说，还有离谱得多的，理由简直无奇不有，如果对事这样不靠谱，难免会给人不太好的印象。在她看来，靠谱就是能够守时守信，说到做到。

生活中，不少人也缺乏守时的习惯。约定的见面时间，总是不能准时到达，迟到个几分钟十几分钟，甚至一两小时的都有。偶尔迟到或许问题不大，但如果每次见面都迟到，定会给别人留下"不靠谱"的负面评价。如果是见客户也迟到，那兴许本该签订的大单就飞了，这样造成的后果可就严重得多。

职场上，也总有那么些不靠谱的人出现在我们的身边，说过的话基本就没有兑现过，做过的事也基本让人一言难尽。不靠谱的人，总是十分爱面子，且只会说漂亮话，不会干漂亮活，久而久之，令人生厌。

靠谱不是凭借家世颜值，不是溜须拍马，不是华而不实，而是实力。因为职场是个很现实的地方，长相只能决定你给人的第一印象，会说话、情商高会为你赢得领导和同事的好感，然而，真正决定你长远发展的，则是一个人的真正实力，也就是说你靠不靠谱。

我们通常所说的"这个人很靠谱"，意思即是"这个人做事很让人放心"。"放心"主要体现在两个层面：一是按时交付，规定的任务在规定的时间内完成，并在规定的时间内甚至提前提交结果；二是保质保量，完成数量和质量有保证，不注水不出错，甚至超出对方的预期。

我之前带过三个平面设计人员，都是"90后"，其中两个都是男生，他们出图基本都是又快又好，错误率较低，一个任务交给他们基本不怎么担心。而另外一个女生则是比较散漫的性子，别人2个小时能设计完的图，她却需要多花一倍以上的时间，效率低不说还总是错误百出，有一次因为比较重大的失误累及全部门被老板叫到办公室挨骂。显然，跟两个男生相比，这个女生做事就没那么靠谱。

同时，靠谱也意味着说话有分寸，不乱嚼舌根，不搬弄是非。职场环境中，难免遇到形形色色的人，而其中有一种就是爱八卦，爱说闲话，爱背地里诋毁他人，搬弄是非之人。俗话说，"言者无心听者有意"，看似一句简单的牢骚抱怨之语，被这类人听了去，很可能会被添油加醋地传播出去，甚至造谣诽谤，歪曲事实，让人受到伤害。这样的人，遇上也是让人比较糟心的。

喜欢说大话，不留余地的人，一般不靠谱；做事喜欢丢三落四，让大多数人都不满意的人，一般不靠谱；说话不算数，做事也一塌糊涂的人，一般不靠谱；不考虑他人，缺乏责任感的人，也一般不靠谱。

股神沃伦·巴菲特曾说："靠谱是比聪明更重要的品质。"在面对一项任务时，只有靠谱的人才能充分发挥责任心，踏踏实实地完成任务，不把情绪带到工作中来，让领导也让其他同事认可。也只有靠谱的人，才会对自己要求严格，尊重他人，不随意传闲话、说是非，做人做事有分寸感。

靠谱的人，很看重个人的信誉，考虑他人的感受。在日常交往中，也能够很守时，不随意迟到，重视与他人的约定。

靠谱的人，凭借自己的勤奋、踏实、进取实现事业上的成功，收获威望与信任。他们不会斤斤计较蝇头小利，也不会到处算计挑拨。与靠谱的人相处，能够感到安心。

无论是职场还是生活中，我们都乐意与靠谱的人打交道，与靠谱的人成为朋友。而对于那些不靠谱的人，就要多留个心眼，注意保护好自己，不要因为他人的不靠谱而让自己遭到伤害。

对自己而言，做人，也一定要做靠谱的人。守时守信，做事果断，思路清晰，通盘考虑，大局为重，敢于担当……都属于靠谱的品质。

努力把自己修炼成靠谱的人，才能更受欢迎与尊重，更具有人格魅力。

你靠谱，人生才会靠谱。

第四章
我看好不断尝试的未来

> 　　未来是怎样的,我不知道,唯一能够让人看到未来的,只有不断尝试。也许有一天,你会发现,虽然你还是不能知晓未来,但你却具备了面对未来的信心和勇气,至于未来怎样,随缘吧,管他呢。

很遗憾，人生没有"进度条"

网络游戏，让很多人上瘾，被称为电子毒品，这一点都不为过，那些沉迷于网络游戏的人，为什么会不厌其烦呢？

答案是进度条。

虽然程序各种各样，但那个缓缓前进的蓝色小条，仿佛给了定心丸，让人能够心甘情愿地等待，因为他们知道：只要付出精力，总有一天会得到自己想要的。

很遗憾，人生没有这个功能。

现在很多姑娘的追求者也是如此，追着追着，发现老是没有回应，丧失了进度条，立马停止了追求，这样的结果让很多姑娘很无奈。我不想说坚持就是胜利，因为面对结果不确定的状况，没有耐心，也很正常。

看到网上一个新闻，国外的一家人在面对自己家的房子被大火笼罩的噩运时，却还是开心地拍照，发朋友圈，这一刻，他们是强大的，获得了无数人的点赞。这对我感触很深，于是想到了人生。

人生不但没有进度条，而且时不时冒出一个"幺蛾子"，让你一朝回到解放前，这种事情并非是危言耸听。也许在你努力奋斗的年纪遭遇了病魔，也许在你春风得意之时出现了意外，我们总是把美好的祝愿挂在嘴上，但谁都知道，意外距离自己并不遥远。

事实上，这对人们生活的影响微乎其微，看过《死神来了》系列电影的人，面对各种意外，只是提醒自己时刻谨慎，并没有丧失生活的勇气。

回到人生进度条上，我是一个策划，很喜欢在每件事情发生之前把所有细节都考虑清楚，但是每次都会有意外出现，并非我努力付出，计划得天衣无缝，就可高枕无忧。

说下我的一个工作上的事情。

帮助朋友策划一个大型的晚会，我很乐意帮忙，我清楚地知道，每次大会都有意外，所以我的案子从来都是准备两套方案，因为大会一旦开始，你的错误所有参会的人都看在眼里，也会记在心上，然后批评你，不够专业，不堪大用……

这是一次大型的晚会，所有的准备工作已经就绪，我胸有成竹，在后台想象这次大会成功的喜悦……

意外发生了。

原本第一个热场节目的表演者因为打电话而耽误了几分钟，造成一度的会场尴尬，原则上来说，这根本不是我的问题，虽然预备方案及时救了场，但我的自信心却没有了，整个晚会都是带着汗扣着每个环节……

即使是这样，其间还是有小问题发生。是的，总体是成功的，面对这么多人的大型晚会，只要是没有大的混乱，就是成功的，我可以这样安慰自己，但却难以抹掉别人口中的不专业。

人生，或许也是这样吧，没有谁的人生能够顺顺利利的。我想到了我的母亲，我的母亲是一个勤劳的人，即使年纪很大了也闲不住，在外打工，希望能少给我添点麻烦，是的，我理解。

在一个本可以很快乐的周末夜晚，父亲打电话给我，说让我回家一趟，我知道，肯定有事情，因为他们平时很少用这样的语气说话，也一般不会让我回家。果不其然，母亲在工作的时候，不小心把手指头弄断了。我当时吓坏了，去了医院，在多方努力下，还是没有接上，那是我很伤心的一个夜晚。

母亲一脸的无所谓，我却很后悔。

意外无处不在，人生的确不容易，不但如此，很多时候，在你疯狂付出之后，你会发现，人生竟然无动于衷，这种情况的确让人很头疼，我身边很多人都是这样。这一刻，让我想起了命运不济这个词。

"很多人都说，我这个人总是差那么点运气。"

我的朋友经常跟我说这样的话。的确如此，他辛辛苦苦钻研新闻，渴望能在这一领域有所作为，在他含辛茹苦10年之后，果子成熟了，而纸媒的没落打击了他。望着自己的10年付出，他哭了。

我听得出他的伤心，也无从安慰。

因为，他又要在别的领域含辛茹苦之后，再次期待开花结果。再次看见他，一脸的得意，开始进入营销的领域后，他又一次收获到果子，我替他欣慰。我知道，虽然这没有10年，但是其中的付出不言而喻。

人生，不但没有进度条，而且伴随着意外，但这一切都不是对人生不管不顾的理由。

勤奋的人，运气都不会太差

小米终于要上市了！

2018年5月3日，小米公司正式向港交所提交IPO招股书，最快将于6月获批上市。

在一次采访中，雷军曾表达对马云的看法：

"马云也没我勤奋啊，人家好像每天都在云游四方，我们每周都要忙7×24小时。"

虽说是笑着说出来的，但言语中却是掩饰不了的羡慕。

勤奋的人运气都不会太差，的确如此。通常人们认为，运气就是靠碰的。其实不然。

勤奋可以养运气。《李嘉诚自传》中有一句话：如果你只是站着不动，自然不会伤到脚趾，你走得越快，伤到脚趾的可能性越大，但是同样，你能得到某个机会的可能性越大。最重要的是早上的事下午必须有决定或答复。假如下午发生的事非常复杂，则必须 24 小时内答复，我的手表总拨快 10 分钟，以便准时出席下一个约会。

将手表调快 10 分钟，是李嘉诚多年以来养成的一种习惯。在李嘉诚看来，这就是一种抓住机遇的表现。在商场中有所收获的人，一定都是勤劳的、善于把握先机的人。每天提前 10 分钟，就意味着每天多 10 分钟的机会。

在李嘉诚的眼里，什么是先机？当一个新事物出现，只有 5% 的人知道时，赶紧做，这就是机会，做早就是先机。当有 50% 的人知道时，你做个消费者就行了。当超过 50% 时，你看都不用去看了！这是使李嘉诚常胜不败的一个重要因素。透过这个"先机"要诀，我们不难发现，赶紧、做早等字眼无不传递着一个重要的信息，那就是——勤奋。

我身边从来不缺勤奋的人，更不缺成功的人。我想起了一位培训老师。

这是他的生活：整整 10 年，3000 场演讲，从来不曾间断。他有一次给我展示他的"业绩"，这 10 年间所有的机票、火车票，我看着好大的一箱，震惊得说不出话，没想到他如此勤奋。

回报也是丰厚的，他的价值观影响了成千上万的人，感谢信从来就不间断，这是属于他的成就。

当然，并不是所有人都勤奋。

我的一个朋友，生活得很乐观，唯一的也是致命的缺点就是懒惰吧，他也尝试要改掉这个坏毛病，但是却从来不曾如意。

早上起床，对他来说，堪称是世界上最难的事情，他曾经也想创业，我说就起床问题来看，你不大适合创业，他无法反驳。

是的，我们总得找到适合自己的生活方式，如果懒惰，请按部就班地找个工作，开始朝9晚5的生活，让生活有点约束力，他非常赞同。

看过他的住处，但凡能够凑合的事情全部凑合了，衣服能省就省，每天正装上下班。有次我问他，谁给你洗衣服啊？他一脸无辜地看着我，网络啊，花钱啊。我无言以对，这个世界不会堵死任何人的路。

谈到感情问题，我问他为什么不找女朋友啊！

太累！还不如我一个人。的确如此，他曾经谈过女朋友，但就是由于懒惰，女朋友再也受不了他，分手了。

谈及工作，他也是一脸的无所谓，按部就班，每天那点工作，干完就行。有一次，我看他心事重重，问他怎么了，他说突然有一个着急的工作，领导让我去做，我感到压力好大，该怎么办？

我无语，该做就做呗，事情总有做完的时候。

"不想做啊，一想到工作就感觉生活没有了希望……"

也许，你认为他的工作会一帆风顺，怎么可能？平均每三个月换一个工作，谈到面试，很多时候也是因为没有按时到达而错失机会……

我无意批判任何人的生活，但懒惰带来的危害确实不小。

我也曾感受过这样的生活。一次感情上的冲击，让我对生活失去了方向，我顿时整个人都懒惰下来，辞掉工作，开始了腐女生活，每天一顿饭，然后放纵自己，让时间随意流失。那段日子，我开始以为会特别轻松，但不知道，懒惰也会有后遗症。

两个月之后，我再次找到新工作，想找回原来的工作状态，竟然发现力不从心，这是一种什么样的感觉呢？

注意力难以集中，只要工作稍微有点超计划，就会有情绪不稳定的情况，感觉这已经不是我自己。我在适应了很长一段时间后，才慢慢改正过来，回想起来，懒惰带来的危害真的很大。

优秀的人，必然是勤奋的，运气也都不错，时刻准备好面对各种机会，这是一个明智之举。每个人的梦想不同，每个人的环境不同，但唯有勤奋是共通的。

天赋各异，但再高的天赋也得不断尝试，这本身就是一个勤奋的过程，勤奋的例子很多很多，不再一一列举。

有一次，跟心理学朋友谈到这个话题，我问他：勤奋来源于哪里？他说了一些梦想之类的原因，我继续追问更深层次的原因,他说可能是时间观念吧,有人把时间当成宝贵的资源,有人把时间当成是一种负担。

大概是说:勤奋带来的是精彩,一种良性循环;懒惰带来的是散漫,一种恶性循环。

人生在选择与坚持中切换

人生有太多的无奈,并非所有的选择都是最好的,但有些也需要你的坚持。

我不想讨论各领域大咖的努力过程,那看起来神奇而遥远,说一个普通人的故事吧。

我家小区门口,有个烧烤摊子。每天晚上5点多钟他们就开了门,然后一直要忙到深夜2点。

那对夫妻已经在这里干了很长时间,许多同行也都吃不了这个苦,做了几个月就干不下去了。

这对夫妻有个儿子在市里读大学,于是为了离儿子更近一点,也为了挣钱供儿子读书,他们就选择留在这里谋生。

两夫妻学历不高,都是农民,家境也不好,只得选择成本低、卖体力的工作,而大家都知道烧烤摊子,不需要店铺费,而且收入比较高,所以自然而然地就成了夫妻俩的首选。

可是卖烧烤并不是一件容易的事,每天一大早就要起床到菜市场买菜,然后洗菜,切菜,提前准备好炭火。到了晚上,有些顾客喝夜啤酒,经常点的菜很少,却要吃上好几个钟头。

而每次夫妻俩都必须等到最后一个顾客离去,才收摊。当所有人都在睡梦中时,两个人才拖着疲惫的身体,收摊回到出租房休息。

这样的人,很多。

事实上,没法定义任何一种人生的优劣,因为环境各异,又充满了选择,伴随着放弃与坚持,最后,构成你的人生。

选择,让我们迷茫,很迷茫。

我的朋友是个不甘寂寞的人,我们是邻居,他有着强大的好胜心,带着一副跟别人比较的态度,游走在世间。

他有一颗不善于安慰自己的心,我为了照顾他的情绪,总是不停地在他的面前示弱,来满足他的优越感。

因为家里没有供他读大学的条件,他辍学了。我上大学期间,每次回家,他都会来到我家坐会儿,听我讲讲外面的世界,我也很乐意跟他讲一些外面的故事。一年我回家之后,没见到他,听他的父母讲,他去外地打工了。

时间就这样在忙碌中过了8年,其间我再没遇到过他。

很有缘,我们在一个城市,偶然一次见到了他,他在一家按摩店工作,生活很惬意,他穿着中式服装,对我的职业装带着不屑。

过得咋样?

挺好的。

这样的开场有点尴尬,聊点他的经历吧。

这颗不安的心走过天南海北,从服务员到投资顾问,该吃的苦都吃过了,该经的难也都经过了。

我们之后的联系比较频繁,但更频繁的是他换工作的频率。他的心又开始不安分了,我不知道如何说他,毕竟自己的人生都是自己负责,我不好多说什么。

一次,他打电话来说,自己感觉很烦。我知道,那是真烦。

为什么?

"什么事情都难做,我不知道现在该去干什么了,家里催着结婚,我现在又没有这个经济条件,很苦恼。"

这一步在我的预料之中,但我并没有多说什么,对于一颗好胜的心,总是希望能够更快更好地获得,这想来永远也改变不了。

总要学会坚持,我说了这句话,不知道他的感受,但事实如此。他并没有说什么,我不太爱给别人的人生提建议。

我想到了另外一个朋友,这是我的恩人,在我刚来到这个城市的时候,是这个人缓解了我经济上的困难,这份恩情让我对他记忆犹新。

他中专毕业,毕业之后被分派到电子厂,这跟他所学的格格不入,就是一个流水线工人,但他是乐观的。

"按时发工资就行。"

我当时有点不屑，认为人生该有更高的追求。他在那个电子厂待了整整8年，8年的时间，对于人生来说并不短暂，但他选择了坚持，也许是生活所迫，家中有父母需要赡养，期间他也结婚生子。

这样的坚持，我不知道是不是一种明智，也许你认为后来会有飞跃，结果是年龄太大，厂子不再欢迎他，他离开了。当时，他有点惆怅。

后来，他又选择了在一家公司做后勤人员，到现在为止坚持了3年，这次是不错的，他升到了主管的位置。

也许，你可以说他不成功，但他坚持的品质值得学习，至少坚持让他能够有稳定的生活，更有一些小惊喜。

再次看见他，他正在学习，问他为什么，他说他的老板看重他，准备把更多的任务交给他……

选择，给我们带来各种福利。

感觉不好，可以离开；待遇不好，可以离开；有点腻了，可以离开，我们选择离开的同时，也选择了又一段开始。

并非说，改变是错误的，但人生的精华往往都是熬出来的，这适用于大多数的人。看到过这样一段话：如果人生总是不停地离开，那么终其一生，都将是青涩。

想到了曾国藩，在那个困苦的年代，在他那个放弃也能很好生活的条件下，他选择了坚持，这种坚持，失败意味着生命堪忧，但他还是选择了坚持。

不是因为有了希望才坚持，而是有了坚持才有希望。这句话不错，也很贴切，在感到苦难的时候，总能看到阳光的人，才配拥有更好的。

电视剧《虎啸龙吟》中司马懿的坚持虽然有点腹黑，但无疑是教科书般的坚持，他的坚持超越了人性的认知，才有后来的高度。

有时候，我在想，坚持到底是为了什么？

梦想？财富？胜利？说到底还是有目标的，知道自己想要什么，如果人生只是为了眼前的生活，坚持之心自然薄弱，坚持，和目标远大有很大关系。

说了很多，其实，坚持并不很容易，尤其当我们有选择的时候，如果可以选择更为舒服的一条路，那更有理由不去面对苦难，不去面对不想面对的。

但我知道，如果总是选择比较容易的一条路，最后将无路可走，我们不喜欢坚持，总认为走别的路会好点，其实也是一种逃避。

平行来看，你的处境一般不会出现天壤之别的两条路，一般来说，总是各有千秋，如果你总是在不顺服时逃避，哪条路才有终点？

没有谁能够左右环境

喜欢在工作之余,听同事说各种各样的八卦。

"我们领导的情商真低,只会抱着老板的大腿,不管我们的死活。"

"新来的那个姑娘太年轻了,一副吆五喝六的样子。"

"老板总是给急活,我都没有生活了……"

想起了光明顶上的张无忌,在他眼里,仿佛世间都与他为敌,人间都与他为难。从自己的角度出发,发现世界的不美好,我们都一样。

创意大会上,好像一群斗红了眼睛的公鸡,为了证明自己是正确的,不顾一切要把别人掀翻在地,狠狠唾弃。

这个世界充满了不同的声音,如果你对不同的声音感到不快乐,这是人之常情,学会接受的人是优秀的,但优秀的人又是个别的。

何,曾经是我们公司的顶级创意文案,字里行间充满了傲娇,但他的确也有傲娇的资本,那些让我们服气的表达,给了他存在感,也给了他过度的自尊。

"我认为……"何带着手势来表达。

之后的很长一段时间内,只要他说出这三个字,后面的内容几乎不用听,几乎全票通过。的确很不错,但一致通过,难免有点"水"。

很多人都是为了照顾他那颗"玻璃心",如果有人不同意他的观点,那他就开始了各种各样的攻击,场面一度尴尬,为了减少这种尴尬,才会出现一致通过的现象。

直到有一天,一个新人的到来。

那次的创意大会,是一次攻击的大会,场面一度失控。因为这次大会,何还是离开了公司,他感觉这个公司藐视他的才华,气愤地离开。

很久之后,我听别人说,他又换了不知道多少家公司,都是因为同样的遭遇离开了。我想了想,也许在他的眼里,是这个世界不能妥协吧。

我们都有不同的认知,也有着不同的经历,想要将一群人放在一起工作,是一件不容易的事情。我的朋友是做人事的,总是跟我抱怨工作的烦恼,我有些诧异,不就是招人吗?有这么难吗?

他有些不敢相信这是我说的话。

"你来试试!"

张家长李家短,所有的人与人之间不可调和的矛盾,最后都落在我们这里,而我们不是当事人,很难理解当事人的心情,所以,难免和稀泥,而处理得不好,双方都不会说我们好。

我认真想了想，的确如此，将一些人汇聚到一起，不同工种、不同职位、不同待遇，让他们和平地相处，没有任何矛盾，这怎么可能？

"有人的地方就有江湖"。归根到底还是个体与个体之间的差异，我们在不停地感知他人、误会他人、理解他人……

也许，时间久了，你会发现，你永远也无法消除这种差异，所以你妥协了，于是，你也成熟了。

理解，这个词很伟大，真正做到更伟大。我们没有血缘关系，不是朋友关系，什么关系都没有。理解，说起来容易，做起来很难，这也是一种付出。

想到一个流程，那就是万恶的"工作交接单"。

这让我想起了流水线工人，我只要过了我的工序，结果如何再也与我没有任何的关系。我并不是否定这种工作制度，我也曾经经历过，责任归属，一清二楚，是这种工作制的优点，但是，缺乏了人情味，所有的一切都按部就班。

我所经历的，大家在不熟悉的时候，都采用这样的工作制，在大家慢慢熟悉了解之后，这样的环节有时候就节省了。这个时候，我发现，大家做事的时候都会为别人着想，再也不是一盘散沙，这个时候，同样的工作往往会有意外的收获，这让我欣慰。

我们都是差异化的人，当我们之间有了感情，哪怕是一点儿，所有的隔阂就在慢慢消融。

这是大家的世界,而非你一个人的,你要融入必须付出妥协。

这是明智之举,毕竟,大家要一起共事,如果某个人太过任性,那么这个世界也难以接受你的个性。

你可以选择离开,但这只是职场,人生呢?

我见到过太多的抱怨,抱怨命运的不公,抱怨世界的残酷,抱怨一切与自己意志不相符的人和事。我想说的是,世界都是一样的,看你怎样去融入。

我们都没有改变世界的能力,只能改变自己,这是一句老到掉牙的话,我还是来讲一个故事吧。

我的朋友别名叫固执,所有他认为对的,没有任何更改的余地。

这是一个爱情故事,固执与他的女朋友因为缘分相遇,一阵追逐之后,两人相爱了,但很快问题来了。两人性格不同,除了文字上的共同爱好,两个人再也找不到任何的相同之处。

他是一个宅男,没事喜欢在家睡觉,而他的女朋友,喜欢到世界各地旅游,在固执看来,这种举动是典型的"没有任何意义"的行为。

这么大差异,难道以前没有发现吗?谈恋爱时,追求者肯定要放弃自己来取悦另外一半,固执那段时间放弃了自己的观点,陪着自己的女朋友,违心地表达自己也喜欢旅游。

相处久了,他卸下了自己的伪装,不妥协了。所以,有矛盾了，所以，分手了。

这种事情很常见，我身边就有很多，我要说的是不要妄想改变世界，哪怕是一个人，改变都很难，想要收获爱情以及家庭，这种妥协是长久的，你要有心理准备。

这就是这个世界，想融入，就得有付出和妥协，想在这个世界得到，一味地任性确实有点太任性了。

人生没有封顶，你要不断上进

发小来到北京找我，让我给他找一份可以糊口的工作，我说要不你学学电脑，去当库管得了。

"我从小就不爱学习，你又不是不知道。"

我给他讲了这样一个故事：

王姐大我 6 岁，是一家超市的老板。接触时间久了，在我买东西的时候偶尔也跟我聊上两句。

听她说起上学的事情：她从小就不喜欢读书。她觉得作文太难写，应用题太难算，英语单词太难背，总而言之，就是认为读书太苦。

虽然不爱学习，但不可否认，王姐是个勤奋的人。

王姐小的时候，她的妈妈王姨开了一间杂货店。王姐一下课就去店里帮忙，卖货、收银、盘点，她样样都会。王姨每次都说："我一个人应付得来，你赶紧回家写作业去！"

可王姐总是不听，总说在杂货店里待着的感觉，比回家写作业舒服多了。气得王姨直摇头，叹道："算了，算了，这孩子不是读书的料啊。"

王姐的学校生活一目了然：别的同学在写作文的时候，她在店里帮忙；别的同学在做应用题的时候，她在店里帮忙；别的同学在背单词的时候，她还是在店里帮忙。结果，王姐的成绩自然是一落千丈。

初中没有上完，王姐就跟着亲戚到外地打工去了。因为学习不好，也没有一技之长，她只能做一些技术含量较低的体力活。

她做过大食堂的切菜工，一天切上百斤蔬菜，手掌发红，肩膀酸痛；她做过家政钟点工，大冷天手冻得皲裂了，还是得泡在水里，洗碗筷、洗窗户；她做过工程队的搬运工，明明是个瘦弱的女子，却像男人一样，把笨重的器材扛在肩上……

说到这里，她说："真后悔当初贪图舒适，不肯吃读书的苦，现在得吃更多的苦。"

这样的事情很多。

上进是一个努力的过程，渴望人生舒服同时又渴望人生不断地进步，只是一种奢望。

《平凡的世界》里，孙少平离开他的村子去了煤矿，每天都特别努力。后来，村里的老头来找他说，你不要这样了，回村吧，娶个老婆，生个孩子，盖个房子，挺好的。

他说，我不能让我的一辈子就像村口的那些老头一样，每天吹嘘的只是年轻的时候能多吃几碗饭。

正是孙少平努力做了很多别人不愿做或是不敢做的事情，经历了不一样的生活，才让他的人生变得与众不同。

特别喜欢这句话：生活，就是一种永恒沉重的努力，努力使自己在自我之中，努力不致迷失方向，努力在原位中坚定存在。

我知道，任何一种努力并非嘴上说说那么简单，都是一种磨砺。但我们更加喜欢上进的人生，不是吗？

我看到过太多人的努力，只是为了能够更进一层。

看到清华大学保安自学成才的故事，这让我感叹，生活，从来不会固定到某一形态，只要你努力的话。对此，也有很多人说环境决定一个人，我不认可这种说法。

我的一位朋友，很早的时候就辍学了，像很多人一样，去大城市的电子厂打工。很多同龄人的生活都差不多，拿着一份辛苦得来的工资，并没有太多的想法，除了上班就是玩儿，仿佛人生已经定格，再也看不到未来……

他却不一样，别人在一起娱乐的同时，他选择了学习厨师。这对他来说，是一种登天的行径，厨师这个行业，注重实践操作，他却没有这个机会，但他有时间就捧着相关的书一直在看，同时，在日常生活中，他也不断地进行简单的实际操作。这样的行为在别人看起来，有点不合群。

我问他为什么这样做。

他说，我不可能在电子厂当一辈子工人，我知道，电子厂到了一定的年龄，是不适合再待下去的。

"我得为未来做打算啊！"

随后的日子里，在他感觉差不多的时候，机会还是来了。一个厨师朋友说要带个徒弟，我想到了他，跟他沟通之后，他眼中充满了感激，并不顾一切辞职上岗，我看到一种积极。

再见他的时候，他已经当上大厨……这也是一种老天眷顾吧。

有人说，机会很重要，是的，但努力更重要，在机会来临的时候，你可要努力稳稳接住，才是最重要的。

人生并不会固定到某一领域。想起了刚刚过去的高考，那个时候，我也和很多同学一样，犹豫报什么专业，现在想想，虽然要认真考虑，但也不必太多纠结。人生从来不会拘泥于某一专业，努力就好。

看到过很多人，年过古稀，还在不停地学习，让很多人感动。其实，想了想也挺不容易，我能切身感觉到，年龄到了，精力明显跟不上了，20多岁的年纪，熬夜通宵赶稿子，感觉身体并没有什么不妥，但是到了30岁，明显感觉不如以前……这是自然的规律。

但我们想努力的决心，足以对抗自然的规律。寻找一个不一样的人生，你需要不停地努力。

愿你此生不负天地，不负自己。努力，努力到无能为力！

细节，是个人生"小怪物"

细节，是个小怪物，总是在你不经意的时候放大，然后让你后悔。

吐槽，在网络时代充满了乐趣，尤其在影视内容上，各种穿帮镜头被津津乐道，这是一个挑剔的时代，谁都不能幸免。

林，我喜欢叫他林头，是做品牌营销的高手。我们开始接触是因为一次偶然的合作机会。谈到各种方向，他说得头头是道，但是具体到工作的每个细节，仿佛什么都不知道。我并没有别的意思，他的工作性质决定他注定是不会在细节上下功夫的。

他是一个部门主管。

掌控大方向，早已成了他的主要工作，而执行层面的东西，他一概不知。我有时候开玩笑地说，你不懂细节的话，很多东西你是否能真正掌控，比如时间、效果层面的东西？如果能的话，这将是个奇迹啊。

他说，我的工作就是这样，我又不是执行。

但我认识的大多数总监级别的人不是这样,他们很多都是执行层面爬上去的,对工作中的细节如数家珍,也以此为傲。他,是一个另类。

一场活动过后,他改变了自己的看法。

张扬的创意、极具煽动性的氛围,以及活动现场的千姿百态,在他看来,了如指掌。他也给我描述总体的效果,他的口才很好,说起来绘声绘色,让我很快就沉浸其中,仿佛感受到现场的热烈氛围……

问题很快来了,在临近活动之时,他的执行人员因为有急事纷纷请假,我当时就表现出特别的担忧。

结果在预料之中,只是由于活动一个小小的细节,他没有在关键位置设置预备方案,导致整场活动因此贻笑大方。

当我再看见他的时候,他问了很多关于细节的问题。我反问,为什么?他说这些东西他还是了解一下好,虽然用不上,但万一用上了,到时就不至于手忙脚乱。

现在流行一个词"专业",这个词表现了对细节的尊重,也表示着,细节决定成败的时代,正式来临。

每个人都有自己的生活方式,有粗线条的大大咧咧,也有细腻的文艺青年,每个人都带着自己的喜好来生活。

有人愿意花两个小时来为自己准备早餐,有人却钟情于得到,带着目的性地去生活,如果不得到点什么,一切都没有动力。

我的朋友是典型的文艺青年,生活像极了《火柴人》

的主人公,他的房间里时刻都在标榜着"我有洁癖"。

我一般不情愿去他家做客,"规矩"太多,一点都不随和,我宁愿无聊,也不喜欢待在这样的环境中,但这样关注细节的生活方式,给了他事业足够的运气:

毕业之后,一年之内当上了部门主管,三年之后,当上了总监。我惊讶地看着他,他笑了笑:"我的运气一向很好。"

他给我说了这样一件事:他当时在乙方,给甲方写策划案的时候时间很急,只有三天时间,于是他当时就住在办公室,这件事情让老板足以对他微笑。结果也是满意的,甲方对案子表示认同,但美中不足的是,案子中有一个错别字。

这让甲方大跌眼镜,当时提案现场的尴尬,我都可以想象出来。

最终甲方还是通过了提案,但老板脸上的微笑却僵住了。

有人说小题大做,我也曾这样认为,但他说,无论如何都是他工作上的失误,甲方把我们看做专业的人,但我们却出了这种低级错误,这将为以后的合作带来负面影响……

以后的工作中,无论时间有多晚,他都坚持审查10遍以上,这个习惯一直伴随了他很多年……

坦白说,审查这种事情,看起来简单,其实却非常枯燥,我们一遍又一遍地从头开始,逐字逐句阅读。结果是,以后错别字的现象被杜绝了,从来没有过。

"这是一个奇迹。"

我是做文字工作的，我知道这有多难，也知道这里面的耐心，但带来的结果是好的，三年之内，他爬到总监的位置，也算是对这种耐心的回报。

想起了墨菲定律，你担心在什么地方出问题，那么事情肯定就会在这个地方出问题，我这样的经历太多。

一次活动在某酒店举行，我白天因为去准备相关的材料，一直忙到深夜12点，舞台布置的工人说在深夜2点才能到，但就因为没有和酒店工作人员打招呼，结果他们在7点过后把会场的门锁了。

说实话，当时我真是满头大汗，如果晚上不能将会场相关设备搭建完毕，将会影响明天早上的彩排工作。这是我的责任，我急忙给酒店工作人员打电话，当时，正处在冬天的深夜，他正在温暖的被窝里做着美梦。这样的打扰让他很不情愿，但我顾忌不了那么多，只记得当时我无法控制自己的情绪……

深夜12点，所有的工作人员已经下班，最后我选择撬锁，并为此付出一千元的额外代价。

事实就是如此，很多人问我策划工作的难点在哪里，我说是在细节和琐碎的小事上，如果你耐得住性子，不放过每个细节，那么你就成功了一半。

人生也是如此，一个小小细节，就可能让你遗憾终生。网络上对人贩子死刑的热议，很多人都赞同，这是人之常情，我却想到了电影《失孤》。它讲述了一个父亲天南海北寻找走失孩子的故事，主角无助的眼神告诉世人他的焦急与懊悔……如果每个父母都能将细节做好，那么人贩子再无可乘之机，这样的粗心，我们承担不起。

如果可以重来，很多人都是天才，很遗憾，世界上大多数失败都是细节上的忽略，可惜我们没有重来的机会。

只能，不粗心了。

所有的错误，都是逻辑的错误

我的一个朋友告诉我，世界上所有的错误都是逻辑的错误，我赞同。

考驾照，有趣的体验。

我刚开始学车时，喜欢在速度还没提起来时就提前加挡，有时候，速度还是20迈，我就加到了4挡，结果就是车子剧烈抖动，熄火。

教练教我，一定要先提到相应的时速，让车子的动力足了，再踩离合，换挡。这样，车子才会很平顺地衔接上，然后继续往前开。

刚起步时，你用1挡前行，有点进步了，再用2挡、3

挡匀速前进。你读书,毕业,参加工作……这是一个对的逻辑。

我们都渴望奔跑,没人喜欢慢吞吞地爬行,但爬行却是必然的。

等你足够成熟了,就如人到中年,担得起责了,有了一定的功力,才可以绽放,在这之前,所有要求花朵提前开放的想法,都是那么奢侈。

简单到复杂,很简单,但遇到感性的人,有时候却不能理解。

我曾看过一个故事:

一位母亲千里迢迢,跋山涉水,几经周折,才带着自己8岁的儿子找到了一位名作家的住处。这位母亲向作家求情,让他教自己的儿子写出惊世骇俗的好文章,然后让儿子在短时间内一举成名。

作家实在很无奈,于是就把秘诀写在一张纸条上,装进信封里,让她带着孩子回家后才能看。

结果等这位母亲回到家,急忙打开看时,发现上面只写了三个字:先认字。

坦白说,这个故事很无聊,也没有可圈可点之处,但足以说明一些道理,我要说的是,事实上逻辑就是如此简单,甚至有点儿"无聊"。

小时候,我也常常问大人,什么时候自己才可以像他们一样,不用读书、不用写作业,想玩儿多久就玩儿多久。

那时,大人们总告诉我,你的路还长着呢。于是,我等啊等，盼啊盼，读了小学，入了中学，到了高中，进了大学，然后真正长成一个大人时才发现，原来成长的路上，真的没有少摔一个跟斗、少考一次试、少读一年书。

有人说，人生精彩的都是过程。我要说，如果不到终点，人生都是过程。我们之所以迷茫，是我们有时候不尊重人生的逻辑。

深夜，我的朋友在哀号，我在旁边不知道该说些什么，为了捷径，他又一次付出了沉重的代价。

他是一个聪明人，从小就是。他总是会想出一些方法，让事情变得更加简单。想起小时候，老师让我默写课文，几遍几遍地抄写，现在想起来非常可笑，他那时候选择用复印纸来写，缩短了一半的时间。

我们都被作业折磨得很憔悴，他却满脸春风。

高中，大学，他的脑子带给他的福利多多，几乎是一帆风顺，毕业之后，却发生了反差，他的脑子仿佛已经不再够用。

他的工作是市场部分析师，这是一个需要勤奋的岗位，他的脑子足以胜任这份工作。在别人"扫大街"做调研的时候，他选择用网络数据，快人一步拿出了漂亮的数据，主管看了都非常满意。

这样的事情充满了他的工作生活，我有一次开玩笑地说："你就是人生投机者。"他略带不屑地看着我。

"之所以很多人选择一步一步行进，是没有领会生命，笨鸟先飞的结果是自己在摔倒的时候，都是无助的。"

时代在变革，随着网络信息透明化，所有的技巧已经不那么神秘，他所有的技巧之谈甚至给他的人生带来了障碍，别人前期扫大街扫到的人脉，让别人有了更好的平台和机会，而他也随着公司业务的不景气而待业家中。

"宅男一个，不过我是一个喜欢用脑的人。"

也许，所有的业务都有技巧，而人生却没有，你一步一步走过来，走的不光是路，也有自己的眼界。

人生都是走出来的，一步一稳，这是人生的逻辑。

我们都渴望奇遇，像是金庸笔下的主角，偶然的机缘便可成就高峰。我并非说机会不重要，我要说的是，要想获得机会，前提还是踏实，机会并不是腾飞的起点，踏实才是。

我认识很多编剧朋友，一次，我问他们，如何构建一个让别人看到感觉幸运的故事？

"一步一个机会，一步一个奇遇，所有的人都喜欢你，所有的人都认可你，在你困难的时候，总有人伸出援助之手，在你即将选择错误的时候，有件事情会提醒你……总之，世界围绕你转……"

"这样的故事别人看了会不会感觉不真实？"

"我们不管故事真不真实，我们要给观众一种爽的感觉。"

这位编剧朋友最后这样说道："这是工作，也是满足观众需要，如果真的编一个真实的故事，想来又有多少人愿意看呢？"

付出而后得到，甚至得不到，一步一个脚印，投机不得，这是人生的逻辑，但这样的逻辑让人喜欢不起来。

怎样编一个真实的故事？

"我这样说吧，现阶段的中年男人，是孤独的，睁开眼，周围的人都要依靠他，不能有过多的爱好，不能有过多的情绪，不能有过多的自己……其余的自己慢慢品味！"

我想到了电梯中外卖小哥的哭喊，想到了无助的男人蹲在路边默默哭泣，想到了自己的父亲，也许，这就是人生逻辑，无论怎样都要脚踏实地，即使路不好走，如果不前行，又能怎样呢？

不过高估计自己

听朋友讲过他参与的故事。

这是一群有能力、有梦想的人，聚在一起，肯定要做点什么的，W是融资高手，其他都是早期业务出身，具有相当多的客户和资源。前几年，京东还没有现在这么火，他们的目标也想做一个类似的电商平台。

W不负众望，在他的游说之下，有钱了，3000万的投资。

众人感到前途一片光明，一致推举他为带头人，毕竟要来钱不容易。他也答应了，这样的团队，怎样说都该是能闯下一片天地的，但事实上，却一塌糊涂。

虽然 W 擅长融资，但运营方面的不足，让他很快就捉襟见肘，更为糟糕的是，他在团队建设方面也很迷茫，并不理解专业的事情交给专业的人来做。从来不信任别人，总是一手遮天，维持了很短的一段时间，最后，以失败告终。

结局很喜感，失败之后，他又靠自己的长处弄来了 2000 万的融资，但是这次，原来的团队成员，都丧失了跟着他干的勇气。

认清自己，的确不容易。

在这个讲究情商的大环境下，没人会将一个人的缺点说得那么露骨，都是点到为止，能不能认识全靠自己的悟性。在经历过很多事情之后，对自己该有一个清醒的认识，这是人生的起点。

人生中失败很多，很多都是源于对自己的高估。

对于年轻健将朱建华来说，印度新德里是一个陌生的都市，连大会提供的一日三餐，也是陌生的。朱建华只觉得每个热菜都散发着羊膻气。他的食欲不好，每餐只能吃些面包和方便面。

更糟糕的是：他到达新德里的时间，与亚运会比赛日期相隔太远了，还有 17 天的时间。教练不让他过多地去看比赛，以免他过度兴奋。除了训练以外，让他打扑克、散步、看电视……

然而他太想比赛了，他向教练提出，要去尼赫鲁体育场熟悉一下比赛环境。到了体育场，朱建华的自信心爆棚。

一个记者上前问道："您今天训练，过不过杆？"

朱建华答："有过杆的训练。"

另一个记者问："您觉得自己的竞技状态怎么样？"

朱建华笑笑："您等一会儿看我的训练情况就可以明白了……"在两个记者的注视下，朱建华按教练的指导逐步把身体活动开。过杆训练开始后，他从1米90起跳，利索地跳过了4个高度，当横杆升到2米18的时候，他又以一个短程的三步助跑唰地飞了过去！

很快，亚运村传出了这样一条"目击者新闻"：中国的朱建华只用三步助跑就越过了具有一般国际水平的2米18！按照这样的状态，冠军非他莫属。

12月1日，具有世界水平的男子跳高比赛吸引着数以万计的观众。日本运动员丝毫不肯示弱。他们也在施用心理战术。在裁判员征求各位选手的起跳高度时，他们竟然一下子就要了2米10！

他要比朱建华高出5厘米。中国田径队的总教练黄健同志说：在他的记忆当中，日本男选手参加大型国际比赛，起跳高度从来没有超出过2米5。看来，日本选手显然想在这一点上占个上风，压一压朱建华和队友蔡舒的锐气。

随后，两名中国小将上场，此刻他俩竟斗犹酣。朱建华以 2 米 22 的成绩打破了亚运会纪录。此后，朱建华乘胜向世界高峰挺进，接连征服了 2 米 26、2 米 30 和 2 米 33 三个具有世界水平的高度！

场上出现了一个异乎寻常的高潮：不等裁判员和选手商量一下应该再加什么高度，数以万计的观众同时挥手高喊："2 米 37！""2 米 37！"

朱建华抖擞精神，向高高的横杆发起了冲击。这是他 1982 年第二次向世界纪录进攻。助跑、踏跳、腾空、挺身……动作真漂亮，头部过去了，上身过去了，臀部和大腿过去了，连小腿也过去了，可惜，脚后跟擦了一点，横杆晃悠了几下，抖落了！……

很遗憾！

也许太过高估自己注定会带来意外！

没有偶得，只有代价

拥有，是快乐的。

很多人都羡慕拥有者，却很少关注他背后做了什么，我想到了一个词：代价。我们知道拥有的快乐，却不愿去深层次思考拥有的代价。

但事实,就是这样的。你付出多少艰辛,就能收获多少果实,亘古不变。

我的朋友中有很多"小朋友"。

他们总是羡慕别人的成就,抱怨自己的不幸,我对此很少说什么,毕竟这种代价的认识要靠自己来领悟,别人说的,他们未必相信,就是这样。

更为现实的是,付出代价过后,不一定能够收获理想,这让很多人苦恼。

人生在世,每一个人都想拥有——拥有幸福,拥有舒适的生活,拥有健康的身体,拥有美好的爱情,等等。拥有,似乎已经成为我们的惯性思维,可是如果我们不曾付出,何谈拥有呢?也许,付出过后的拥有更难能可贵。

H刚进单位的时候,和她一起的有7个新人。刚开始的时候,他们中5个没有工作经验的人晚上会留下一块儿加班,研究当天的工作项目,并做好明天工作的规划。来单位的时间久了,就成了H和另外一个女孩两人过着加班的日子。

这个时候,她们对于公司的运作及基本的操作都有了常规化的了解,不加班也可以在规定的时间内完成相关的工作任务。但是,她俩选择留下来继续给自己充电,读会儿书,看一会儿授课视频。日子难免要比其他人过得枯燥一些,毕竟缺少了一些娱乐活动。再到后来,另外一个女孩有了男朋友,也是下班准点走人。

H依然一个人在坚持,别人应付着完成的工作任务,她会花更多的时间来研究怎样做才能有更好的效果；别人认为混着也可以拿工资，她认为工作就应该创造一些不一样的价值。她把刷剧、逛淘宝、聊八卦的时间用在了专业化的发展上面。

也许是那些默默充电的时光给了她一些积累，也许是她对于每一个项目有着自己的要求，她完成的工作往往都能获得领导和同事的肯定，并逐渐形成了自己的工作特色。公司也愿意将一些重要的任务让她来完成，她也在这些任务中有了自己的案例作品。于是，外出学习的福利给了她，给新人培训的机会也给了她，升职加薪的机会也给了她。

她说她见过这个城市深夜的灯，因为很多次她都是踩着城市的灯光下班回家；她说她也经历过内心的挣扎，因为专业的发展需要静下心地投入，但是也意味着屏蔽诸多娱乐活动；她说她常常有种孤单的状态，因为志同道合的人不多。

有一段时间，其实她也很迷茫。因为看着其他人悠闲地晃一圈就下班了，但是她却过不了心里这道坎非得把事情做到精细，于是需要倾注更多的时间。继续这种状态，还是像其他人一样呢？

可是，现在的她在一个新的高度遇到了更多志同道合的人，站在台上的她散发着智慧的魅力。而且她已经把精细当成一种习惯的时候，她忽然意识到，有时候的艰辛是还没有跳出一个阶段，当你站在另一个阶段往回看，那一段路就是一个上坡路。

如果不是一路坚持付出，也不会有现在的她。没有坚持下来的付出，她可能也和同时进入单位的他们一样过着上班和下班、日复一日的日子。可是，现在的工作让她的每一天都充满着创造力和向上的动力。

有一天，她还会走向更高的平台。付出过后，你才能看到更高更远的风景，找到一个你不曾发现过的自己。

在工作上的付出，给予我们的是薪资和价值的回报。事实上，能付出的岂止是工作呢？生活的点点滴滴都值得我们去分享。

在家庭里，你多承担一点，你的家人就能更轻松；在爱情里，你多付出一点，你的另一半就有更多温暖的感受；在朋友间，你多一点关心，你们的友谊就能更深一层。

有些时候不是只要付出就能有你想要的结果，比如付出了很多心血追求的女孩仍然没能成为女朋友；比如在家庭中承担了那个赚钱养家的辛苦者却还要遭到妻子的责备；比如在友情里牺牲了很多却因为某件事让两人成为陌路人……这些时刻，你往往会后悔自己曾做过的努力，明明付出了这么多却不落好。早知如此，何不对自己好一点呢？

可是，在追求女孩的过程中你不也在体会着爱情的滋味吗？在赚钱养家的时候你没体会过妻子和孩子的关怀吗？你在友情里牺牲的时候不也享受到了朋友给过你的友谊的陪伴吗？无论在什么场合、什么关系中，我们经常会放大自己的付出，而忽略他人的努力，其实自己也是拥有的那一方。

那个追过的女孩你再努力一点也许她就会跟你走；你辛苦赚钱的时候也许再坚持一会儿你们的生活就会更美好；和你吵过架的朋友会想起你的好而回到你的身边，所以，有些付出并不是无效，而是需要时间来等待。

而真正的付出并不一定需要有得到，因为"赠人玫瑰，手留余香"，这本身不就是一种得到吗？所以，你无须给自己的付出寻找一个答案。有一天，我们终究会明白，人生最大的幸福不在于拥有很多，而在于懂得付出。

付出和收获，是两种不同的快乐，我问我的一个心理学朋友，这两者的区别在哪里？他笑了笑。

"每个人的感悟不一样，生活并不像是公式，有板有眼，理性得一本正经，而是具有戏剧性。很多时候，你有快乐的心态，付出的时候也是快乐的，如果你快乐不起来，有收获你也不一定感到惊喜，这就是乐观与悲观的区别。不过，我认为人生的意义在于付出，而不在于收获，如果着眼于收获，所做的付出并不会是全力，而且容易投机。"

我很赞同这些话，人生在世，想来最好的心态就是无论怎样，先付出再说。

没痛哭过的人，不足以谈人生

我们都很忙，也很累，这是现实。

感谢网络，让每个人都能感触别人的困难与坚持。

外卖小哥火了，因为一段小视频，他因为错过送餐时间，在电梯内急得失声痛哭，相信这份艰难压垮了这个男人的情绪，也让很多人感受了他的不容易。其实想想，谁的人生又是轻而易举的呢？我没见过，也许见到的，只能是在影视作品中吧。

很多年前，听过柴静的一段采访，其中"没有经历过深夜痛哭的人，不足以谈人生"这句话让我铭记至今。没有人的人生是容易的，没有人的人生不是在跌倒了之后爬起来继续往前走。

老品是我的邻居，他的女儿在4岁的时候因为高烧导致智力衰竭，他的母亲早年间就不在人世，父亲由于身体原因也不能承担过重的体力劳动。二女儿出生以后，农村的务工已经不能支撑这个家庭的生活。于是，他让女儿跟着爷爷在家，他和妻子去了江西打工。两个人在车间工作，没日没夜地加班，赚到的每一分钱都累积着寄回老家。一年到头，他们也就年底才回来一趟。

每年回来的时候，他俩都会来我家坐一坐。谈起在江西的工作，老品的妻子苦笑道："村里的人都说我们俩能挣，一年下来能存不少钱。他们是没有看到我们在那里的生活。10来个人挤在一个房间里睡，用的是公共卫生间，晚上能睡个好觉就不错了。在那里要想工资高，就只能靠自己加班，我们俩除了睡觉，其余时间基本就泡在生产线。所有赚到的钱我们可以省下一分，就绝不多用一分。谁不想多睡一会儿，多玩一会儿，多吃点好的，买几身像样点的衣服？我们有什么办法呢？"

老品更是直言："我老婆有好几次都做不下去了，觉得在老家待着虽然穷点，但是日子过得舒心一点，在那里简直就是在遭罪。有时候，我老婆想女儿都想到在被子里哭。我就老劝她，苦就苦这几年，苦了这几年，以后的日子就能宽松点。女儿的教育也能条件好点。"

他们这样的日子持续了4年多，日子真的就渐渐好转了。老品回来在自己的老家建了一个新房子，他的二女儿也送到了条件比较好的幼儿园。村里边正进行村级单位合并，他通过自己的努力争取上了一个小组组长，这也算是解决了工作问题。

他的老婆还是留在了江西，他们需要一个相对稳定的经济来源。但我相信，再过几年，她也能回老家和家人一起好好团聚，因为这么多年了，他们都能坚持下来，并且把自己的日子过得越来越好，以后会更好。

故事虽然很平淡，但这就是普通老百姓生活的一个缩影。"80后"甚至"90后"，面临或即将面临的是上有老下有小的问题，而且多数是独生子女。这些家庭中如果不是家底殷实，那就只能是没日没夜地拼搏。

前一段时间，一篇《凌晨3点不回家：成年人的世界是你想不到的心酸》的文章在网络流传。短时间内就收获了"10万+"的阅读量和大量网友的评论、转发。无论这篇文章具体的观点如何，但它确实反映出每个人尤其是成年人在这个社会生存的不易，同时也折射出依然有那么多人在拼搏着。

老品一家面临的是生存的基本问题，而你身处的是一种怎样的焦虑呢？

或许是考学的不利，是备考的压力；

或许是比赛的艰难，是过程的煎熬；

或许是工作的不顺，是竞争的残酷；

……

但请你相信，你不是一个人，每个人都身处在这样或那样的困顿中，或疲惫或伤痕累累。可是，有人选择了放弃，有人选择了坚持。

于是，坚持的人走到了心仪的学校；坚持的人站到了聚光灯闪耀的舞台；坚持的人拼出了自己的事业。他们或许只是在困顿中比你多走了一步路。老品一家如果不是坚持吃了几年的苦，怎会有后来相对舒适的生活？

行百里者半九十，这是人人都明白的道理，坚持到最后的人却很少。你总会有一段时光是难熬的，但熬过去了就是属于你的自由天地。而相反，如果你在最该坚持的那一刻放弃了，未来你可能重走这一段艰难的岁月。

周杰伦有一首火遍大江南北的歌《蜗牛》——"该不该搁下重重的壳，寻找到底哪里有蓝天……我要一步一步往上爬，小小的天有大大的梦想，总有一天我有属于我的天。"那壳或许就是我们应有的磨难，而只要你走过去了，你会拥有你的那一片天。在你疲惫不堪或满身伤痕的时候，让自己再走一步。

有人说，磨难让人生更有意义。我认为，没人愿意背负磨难，谁又愿意自己的人生困苦呢？前段时间，我看到了充满禅意的一段话，说人生也是一种修行，我认同。在历经磨难之后，并不代表磨难已经离你远去，而不再彷徨的，是你不断强大的内心。

我们都在修行，苦自心上来。

我选择有条件地相信

公交站牌、电视上、手机上、网站上，你能看到的一切地方，都会写点什么，或者总想告诉你点儿什么。

信息爆炸的时代，时时都在不断挑战你的判断力。我们的时间正在被这些信息"侵蚀"，也在不断从中受益，这是一个矛盾体。

你不能选择看到什么，但你可以选择相信什么。

社会的快速发展，信息的纷繁复杂，在这个日新月异的时代，拥有准确的判断力其实是一项非常重要的能力，因为它能最有效地为我们获取最有用的东西。

但不少人习惯依靠他人做决定，其实即使是最亲近的人也无法替你做出最优的选择，因为各自所站的角度及判断力都有差别。所以，我们需要培养自己的判断力。

在学业上，判断怎样选择适合自己的专业；在事业上，判断怎样选择适合自己的行业；在家庭上，判断怎样选择适合自己的对方等。做出判断之后，你仍会听到不同的声音。那么，你必须具备一定的执着，坚持自己的选择。

我的高中同学在一家大的企业上班,他们每天都有许多的业务洽谈。有时候一个单子就是几十万甚至几百万,而决定这一个单子成功与否往往就是几秒钟的事情,所以判断力对他们来说显得尤为重要。

他曾经就因没有当机立断丢过一个几百万的单子。那是他入这个行业的第三个年头,在竞标会上因为有所顾虑而迟迟没有拍板,最终眼看花落他家。

后来,他反思了当天的重大失误——因为现场情况临时有变,他无法预知他做的决定是否会影响公司的发展,所以需要征求更高层次的意见。其实,公司把这个任务交到他手里就给了他足够的信任,这是他最基本的自信。而他下不了决心,是因为事先的功课没有完全吃透,影响了他当下的判断。

这一堑让他从心底里长了一智,他为现场的判断力做了诸多的努力。他学着在日常的每一个历练中去洞悉对方真实的目的;对一个事物的形成过程仔细观察、认真研究,养成全方位了解一件事情的习惯;他跟着不同层次的人跑不同的现场,听并观察他们如何对一件事情做出判断;每一次大型竞争前他都会有充分的准备……在这些训练中,他积累出了一些属于自己的见解,然后将它们用于自己的实战。

通过他的例子,我意识到判断力其实是一种专业性的体现。生意场上如此,生死场上更是这样。警察在办案现场依据自己的经验和专业能力判断能否实行警务行动;医务人员在治疗现场依据自己的经验和专业能力判断如何施行救治；科研人员在实验现场依据自己的经验和专业能力判断怎样精化仪器……这些重要工作的人员如果没有良好的判断力，那将会直接导致难以想象的后果，而他们一个正确有力的决策也能将事情导向一个皆大欢喜的局面。可见，判断力在某些领域代表着专业能力，影响着一些事态的发展。

那如何培养自己的判断力呢？

听过这样一个段子：一天，一位妈妈带着6岁的孩子去见小孩子从未见过的一位阿姨，她们碰面后，妈妈要小孩子和阿姨打招呼。小孩子愣愣地看着阿姨，一言不发。妈妈说："平时我都是怎么教你的呀？遇到叔叔阿姨要问好，要懂礼貌。"小孩子转过头来看着妈妈说："妈妈，你平时不是教我不要和陌生人说话吗？"

这样的孩子判断力能培养出来吗？判断力的一个原则是行动。这个孩子显然听妈妈讲过许多的道理，但他没有将这些道理用于具体的环境当中。所以，判断力的一个重要因素是在具体环境中能迅速做出选择。

也许我们可以多给自己一些试错的机会，只有吃过葡萄的人才知道葡萄的酸甜。经历过面试失败的人才能更好地判断下一次面试如何应对；衣服买多了自然清楚怎样的才适合自己；和人交流多了就能明白如何和人拉近距离……只有在试错的过程中，我们才知道如何做判断。

我专门就判断力这个问题，问过一个心理学的朋友。

"不想说太专业的，有点枯燥。"

"我们大脑中有无数个准则，随时改变着你的决定，难点在于，这些准则的培养，需要从小培养，而这些准则，又不是一成不变的……"

趋利避害，这就是最原始的判断力，其实人生都在不停地犯错，不停地改正，然后不停犯错……这不是恶性循环，而是良性调节。

世界没有绝对的事情，培养判断力很关键。

这世道，玩的就是心态

面对同样的事情，有人哭有人笑，有人不屑一顾。心理咨询师这个行业的兴起让我想到了很多，生活压力大，不懂调节的人太多，新闻上也充斥类似的新闻。

仿佛生活已经不再美好，我想说，这个社会，玩的就是心态。你有困扰，你有迷茫，你有情绪，你有很多的不美好，但，都会过去。

想想曾经那些以为天大的事情，如今看来，也如过眼云烟。生活还在继续，你要有积极的心态。

我是在2014年认识小月亮的。

认识她的时候，她在北京一家咖啡馆工作。那时候她的理想是能在长沙开一家属于自己的咖啡馆，所以才接触与咖啡相关的一切。

在我认识她之前，她已经在北京生活了6年。最初来到北京，她是一个很普通的北漂，独自一人从长沙漂到这里过着半工半读的日子，凭借着自己的坚持拿到了本科学历。因为对咖啡馆有一定的想法，所以踏入了这个行业。

在咖啡馆中，她接触到了不同的人群，开始接触一些与写作相关的话题，也对这个全新的领域有了很浓的兴趣。2015年底，她给我发来微信，说她原创了一部小说。说实话，那种俗套的故事情节和为了写作而写作的语言让我对她的写作前途并不看好——写作，是需要天赋和底蕴的。出于对她的鼓励，我象征性地给予了一些赞许。这事我也并未放在心上。

大约在2016年6月的时候，她又给我发了她的新作。语言有了突飞式的进步，但是距离作家这个词似乎还离得很远。她告诉我，从2015年底她就一直坚持读书和写感悟。我也不明白她这样什么时候才能实现她的作家梦，但她似乎对这个结果不那么在意——只要在写，在读，在坚持，有进步就行了。在咖啡馆，她也会尝试写一写广告文案，慢慢接触文字的行业。

2017年3月，小月亮开通了自己的写作公众号。工作再忙，她也会坚持高密度地更新，对她而言，保持写的感觉非常重要。在写的同时,她一直在坚持读,从文学作品到名人传记到哲学系列的书籍,读书的面越来越广,也越来越有深度。公众号从较少的阅读量到不少的人进行评论,她一步步朝着自己的目标出发。

后来,她的工作从咖啡馆到了专门的文案公司,她负责给公司总裁撰写文稿。在那里,她认识了不少写作爱好者和真正有水平的写作者。

2018年5月,我在长沙的咖啡馆和小月亮约见了。她坐在我对面,精致的妆容,干练的衬衣,轻易就能把人的目光吸引过去。她的眼睛不停地盯着屏幕转动,时而敲击键盘,时而做托腮状,完全沉浸在文字的世界。自由职业者,是她目前的状态。这时候的她已经是一个稿约不断的文字工作者了。

和她去家里参观的时候,和所有深夜敲键盘的人不同的是,她的桌上没有泡面,没有一堆混乱的资料,她也不是蓬头垢面的模样。桌上是香水、干花、文艺画,清新而舒适。写作的时候,她也会有一个精致的妆容。无论写到多么晚,清晨都会按时进入状态。从她的表达中,我能感受到她很享受现在的状态。

那一刻,我忽然有些敬佩她。

她只身前往北京过着一个人的北漂生活,这其中所经历的苦我们无法体会;靠着半工半读完成自己的学业追求,这份决心不是每一个人都能坚持;进入咖啡馆实习为自己的生活理想积累经验，在新的学习中找到了自己人生新的方向，从此打开了自己人生的另一道门，这一份不甘于现状的学习的心也不是谁都能坚守。

她说："我想开咖啡馆的话，可以随时开始。在北京的时候，我在实践的过程中了解到了整个的运营模式和基本理念，并且也累积了一定的人脉。如果我开咖啡馆，我也可以边工作边接约稿，我的写作爱好也能延续。"从一个半工半读的北漂到拥有一份令人羡慕的自由职业者的工作，小月亮的人生掌握在她自己的手中。

很多时候，我们也想摆脱现有的状况去拥有自己理想中的生活。然而，我们却没有像她那样永不后退的决心和坚持向上的态度。

在工作中，我们羡慕那些全身散发着能量、专业性极强的大神，却对简单的加班也充满着抱怨，更别提牺牲看电影、聊八卦的时间来沉淀专业知识；在生活中，我们想拥有令人艳羡的身材，但始终抵抗不了美食的诱惑，更无法迈开自己的腿做做运动；有时我们也欣赏那些攀登过雪山的达人或站在聚光灯下的名人，但就连离开自己舒适区的勇气也没有……

如果砸向牛顿的苹果砸在你的头顶，万有引力也不会产生。因为你没有底蕴做基石，也没有研究的执着。

所以，你想过怎样的一种生活，你就得拥有为那样生活奋斗的决心与态度。哈佛大学的一项研究表明，一个人的成功85%是由于他的态度，而只有15%是由于他的专业技术。你的人生高度，你能否做主呢？

心态，难以捉摸，却如此重要，时刻保持积极，已经足够。

挑战与突破，拦都拦不住

我的朋友又开始创业了！已经是第七次。

伴随着不看好，他信心满满，我打电话给他。

"这次打算坚持多久？"我问。

"一定会成功。"他笑着说。

"每次，你都这样说。"

"有事情没有，没事情我挂了。"他挂了电话。

有些人是为了梦想而生的，脑子中充满了挑战，拦都拦不住，无论昨天是怎样的处境，今天又要为梦想而开始。

《肖申克的救赎》里面的牢笼，关不住渴望自由的人，同样，现实也无法抹杀那些有梦之人，他会不停地折腾，直到他认为自己足够好了的那一天。

读大学那会儿，我们一圈朋友都特爱听新东方俞敏洪老师与年轻人的对话。

C和W是其中的忠爱粉。一个想大学没毕业就能进入新东方实习，一个是想大学毕业之后留在新东方工作。事实上，我们是中文系的学生，英语课屈指可数，英语对话的机会更是极少，志同道合者更少。他俩就以自己的方式与英语建立联系——晨读、夜读、英语角、外教课、看英语电影、听英语电台等，用一切机会学英语。没有人真正了解他们坚持着这一切背后的故事，但是我们确实证实了大三那年，C成为新东方的一名实习生；毕业之后，W成为新东方的老师。

W告诉我们，让他有勇气走到终点的不仅是俞敏洪老师对话中的智慧与励志的思想，更是俞敏洪老师自身的故事。

新东方教育科技集团是国内最大的英语培训机构，如今在全国已有几十所分校，它帮助数以万计的年轻人实现了出国梦，更有不少人借此改变了自己的命运。作为这个集团的董事长，俞敏洪无疑是成功的。但是，站在世界舞台的他原本也是一个寒门学子。

20世纪60年代，中国多数的农村仍是积贫积弱。作为一个农民的孩子，离开农村到城市生活就是他的梦想。他学习的条件比想象中更艰难，一盏微弱的煤油灯，几本有限的课本。等有了机会到县城学习，但从小在农村受教育的他并不会讲普通话，他从 A 班调到了较差的 C 班。进入北京大学西语系也是考了三年的结果。

大学这个象牙塔并不是他命运坦途的开始。几年时间，他经历过北大的处分，经历过申请留学被拒，经历过创业初期的资金瓶颈。29 岁，当他拥有第一间教室的时候，仅有的是破平房中的破桌椅以及两名软磨硬泡留下来的学生。在这个根据地，他一步一步扩大自己的规模，赌上了他的所有。

在回忆起这段创业生活时，俞敏洪这样表达："新东方精神对我而言，是我生命中一连串刻骨铭心的故事：是被北大处分后无泪的痛苦，是在被美国大学拒收后无尽的绝望，是在被其他培训机构恐吓后浑身的颤抖，是在被医生抢救过来后撕心裂肺的哭喊；新东方精神对我而言，更是在痛苦之后决不回头的努力。"

听了这些故事，我更深刻地理解到俞敏洪老师在和年轻人对话时怎么能没有代沟地读出年轻人的迷茫、困惑、激情、炙热等感受，因为这些他都经历过，比一般年轻人更甚。

无论是条件的苦，还是表达的缺陷，或者是考试的失利，又或者是被社会多重的打击，每一个都可能成为阻止他前行脚步的利器，每一个都可能不是一般的人能经历的。而结果是，他就像一个战士一样挺过来了。任何励志的言语都没有他本身的经历更有说服力,所以他才能以他的人生经历激励着一批又一批的年轻人。

C和W所欣赏的,或许也正是他这一路走来冲破一切束缚到达终点的决心与毅力。所以当他俩面临着专业不同,与大众走的路不同的状况时,他们也选择了执着地走下去,直到能到达自己想去的地方。

不管是大人物还是平凡的普通人,生活中被阻碍前行脚步的人数不胜数。想要考取音乐学院却困于困苦的生活;想要成为模特却自卑于天生的劣势;想要当敢于讲真话的记者却被不合理的规则捆绑,等等,生活总是在给我们出难题。

而至于那个人最终有没有走入音乐学院或者成为模特,抑或是真正的记者,这考验的就是每一个人的态度。有条件的生活能以智慧与双手来创造,天生的劣势能以后天的训练来弥补,不合理的规则能以正义的坚持来打破,问题的根本在于你的决心和你的行动力。

像C和W同学这样平凡的人实现了他们的目标;像俞敏洪这样的大人物有了他自己卓越的成功,他们能如此,我们也不例外。前提是如果你相信没有人能束缚我们,除了我们自己,那你就已经赢了你以外的世界。

正如白落梅所说,"生活在这光怪陆离人间,没有谁可以将日子过得行云流水"。梦想,的确是一个闪光的词,但有人梦而不能,有人想而不得。

　　但是人生确实没有等出来的辉煌,谁不是披荆斩棘到达了梦想的彼岸呢?所以,无论你身处何时何地,面临着怎样的困境,有多么踌躇不前,都要勇敢地迈出眼前这一步。蚕需要破茧才能成为蝶,你能否打破你的局限呢?

　　强调一句:梦想还是要有的,万一成功了呢?

后记：我和我们，一定会更好

这本书即将完稿，我不记得这耗费了多少个深夜，因为，我乐在其中，我对自己又一次地剖析和阐述，这将是我的又一次进步。

关于梦想，我看到一个数据。

前段时间，工商总局颁发了第一亿张营业执照，也就是说，我们中的大多数都是努力的，其中包括我自己，面对未来，我们可能都有困惑，在所难免，令人欣慰的是，我们都不曾放弃。

对于过去，我始终选择坚持一些好的东西，那是我的根源，包括梦想，包括曾经，包括憧憬……我知道，有一句话叫做"不念过去"。忘掉一些羁绊，才能掌握更好的现在。

我也曾为过去的不堪哭泣，独自一个人。我将它当成是一种纪念，纪念我的青春与我曾经的青涩。

对于现在，我很珍惜，走到今天这一步，谈不上什么成功，高兴的是，我做了自己喜欢做的事情，文字如我的至交好友，总是伴随我的喜怒哀乐。

曾经一段时间，我对文字工作有了些许厌烦，讨厌看到 Word，讨厌看书，甚至讨厌听到键盘的敲击声，但我很快调整过来，我庆幸我对文字还是情有独钟，也愿意与它为伴展望未来。

谈到未来，很长的一段时间内，我也有迷茫，也有恐惧，但现在，彻底没有了，其实无论怎样，未来始终会来，淡定对待就好。

出版社编辑问我写完感觉怎样。

我说："很惬意，梳理了我的过去、当下与未来。"

用"惬意"这个词让他很诧异。

"为什么用这个词？"

"就是很舒服的意思吧！"我说。

的确如此。与自己对话，是一个看清的过程，在这其中，所有负面情绪一扫而空，你会发现自己的新生，我做好一切准备，渴望一个破茧的过程，我相信，一定会更好。

不惧前行，不忘初心，我们都是生活的勇士。共勉。